\ 最強職場助攻 /

ChatGPT+ AI高效工作術

關於文淵閣工作室

ABOUT

常常聽到很多讀者跟我們說：我就是看你們的書學會用電腦的。

是的！這就是寫書的出發點和原動力，想讓每個讀者都能看我們的書跟上軟體的腳步，讓軟體不只是軟體，而是提昇個人效率的工具。

文淵閣工作室創立於 1987 年，創會成員鄧文淵、李淑玲在學習電腦的過程中，就像每個剛開始接觸電腦的你一樣碰到了很多問題，因此決定整合自身的編輯、教學經驗及新生代的高手群，陸續推出 「快快樂樂全系列」 電腦叢書，冀望以輕鬆、深入淺出的筆觸、詳細的圖說，解決電腦學習者的徬徨無助，並搭配相關網站服務讀者。

隨著時代的進步與讀者的需求，文淵閣工作室除了原有的 Office、多媒體網頁設計系列，更將著作範圍延伸至各類程式設計、影像編修與創意書籍。如果在閱讀本書時有任何的問題，歡迎至文淵閣工作室網站或使用電子郵件與我們聯絡。

- 文淵閣工作室網站　http://www.e-happy.com.tw
- 服務電子信箱　e-happy@e-happy.com.tw
- Facebook 粉絲團　http://www.facebook.com/ehappytw

總 監 製：鄧文淵

監　　督：李淑玲

行銷企劃：鄧君如

企劃編輯：鄧君如

責任編輯：熊文誠

執行編輯：鄧君怡．李昕儒

本書學習資源

STUDY GUIDE

本書巧妙運用 ChatGPT 結合各種 AI 工具，從容應對職場的各種挑戰。書中匯集了眾多實用技巧，不僅能大幅提升工作效率，還能激發無限創意空間。無論是撰寫行銷文案、企劃策略、視覺提案、創作獨特影片、高質感簡報設計、文件整理與優化甚至行政事務應用...等大小事，讓 AI 成為你的職場超能力，輕鬆完成交辦任務。

✦ 取得各單元範例素材、提示詞文字

書中以電腦瀏覽器示範，各單元範例素材、提示詞文字檔...等，可從此網站下載：`http://books.gotop.com.tw/DOWNLOAD/ACV047200` 下載檔案為壓縮檔，請解壓縮後再使用。<本書範例> 資料夾中，依各章節編號資料夾分別存放，各 TIP 運用範例素材與提示詞：

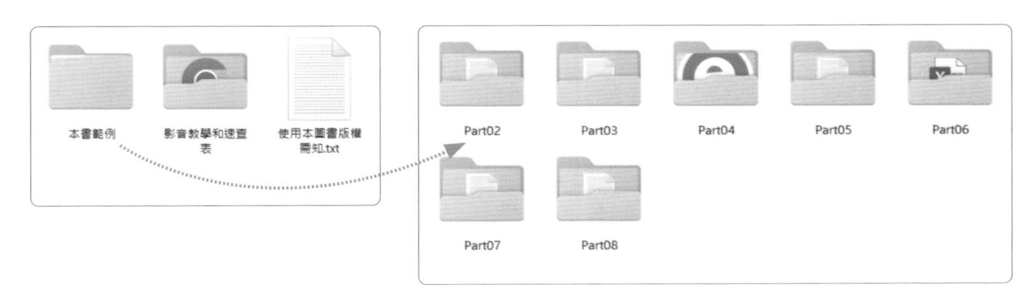

◤ 線上下載

本書完整範例檔請至下列網址下載：

`http://books.gotop.com.tw/DOWNLOAD/ACV047200`

各單元範例練習大都會使用到提示詞，可依以下說明開啟提示詞文字檔操作：

以 Part 03 單元為例：

■ 開啟 <本書範例 \ Part03> 資料夾，於欲練習的範例編號檔案上連按二下滑鼠左鍵開啟，再選取文字檔案中的內容複製至 ChatGPT 或其他 AI 工具的生成對話方框。

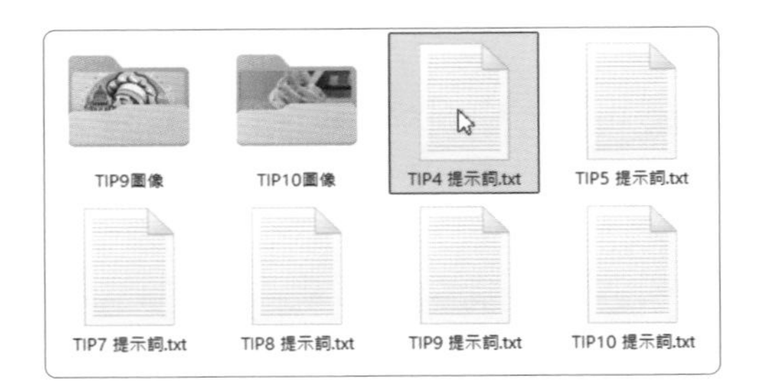

✦ 影音教學與 ChatGPT 指令速查表

<影音教學和速查表> 資料夾中，存放：**打造專屬 GPT 的第一步.mp4**、**設計 "產品設計 AI 助理" GPT .mp4**、**設計 "社群小編 AI 助理" GPT .mp4**、**設計 "客服 AI 助理" GPT.mp4**、**ChatGPT 指令速查表**，解壓縮後直接執行即可觀看。

於 **ChatGPT 指令速查表** 網頁捷徑上連按二下滑鼠左鍵開啟網頁連結，以電腦瀏覽器開啟即可進入。若使用行動裝置，可掃描下方 QR Code 進入頁面。

"ChatGPT 指令速查表" 以生活與職場中最常用到的分類著手整理，每個類別都包含 **指令** 與 **示範**，只需複製 **指令** 內容，再更改藍色底色的關鍵詞為需要的內容，就能快速掌握 ChatGPT 的提問技巧。

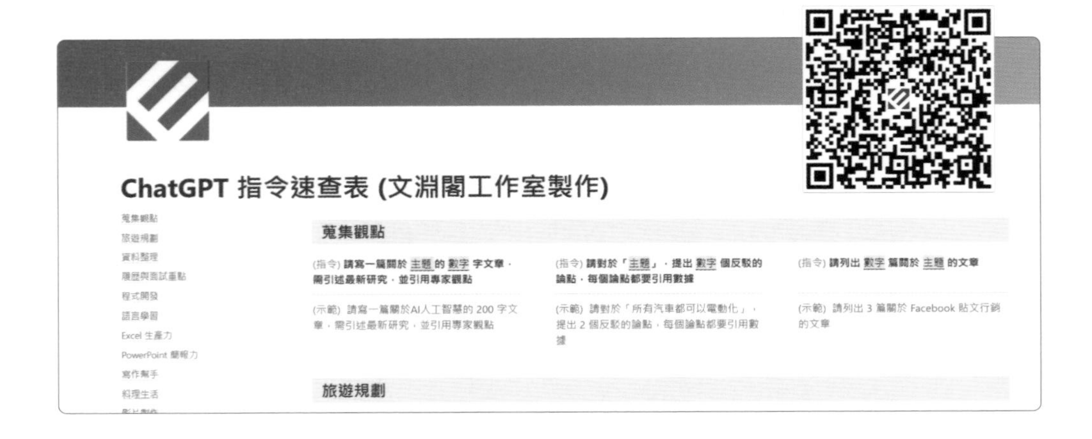

FlexClip 軟體折扣活動說明

特別彩蛋送給我們的讀者！專屬本書的 FlexClip 官方折扣活動。下述二項折扣活動的期限至 2026/9/30 止，如果有任何折扣碼的使用問題，可聯繫 FlexClip 官方客服處理 (support@flexclip.com)。

✦ 14 天 FlexClip Plus 免費使用折扣碼：ehappyfree14

限新用戶或免費用戶：

兌換流程：開啟瀏覽器，於網址列輸入：「https://www.flexclip.com/redeem」進入頁面，畫面右上角選按 **Login** 鈕，再選按合適的方式註冊或是登入帳號。

對話框輸入：「**ehappyfree14**」，選按 **Redeem** 鈕即可。

進入 FlxeClip 首頁後，如要切換為繁體中文介面，可於畫面左下角選按帳號縮圖 \ **Language** \ **繁體中文**。

✦ 訂閱 7 折專屬折扣碼：ehappy30off

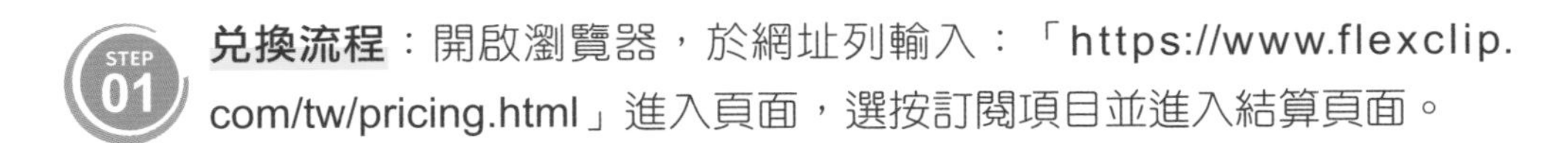

兌換流程：開啟瀏覽器，於網址列輸入：「https://www.flexclip.com/tw/pricing.html」進入頁面，選按訂閱項目並進入結算頁面。

於 **付款詳情** 輸入付款方式的相關資料，下方選按 **有優惠碼嗎？**，對話框輸入：「**ehappy30off**」，選按 **兌換** 鈕，再選按 **立即付款** 鈕，並依指示完成訂閱步驟即可。

單元目錄

CONTENTS

AI 工作術：提升效率與創意策略

Part 2

ChatGPT 優化行銷文案與企劃撰寫

Part 3 AI 圖像 提升視覺行銷效果

Part 4 打造 AI 宣傳影片 強化推廣效果

Part 5

高效能 AI 全方位簡報設計

Part 6 強大的文件整理與優化

Part 7

AI 助理 幫忙打理行政大小事

Part 8 職場達人必備的 AI 助理 GPT 應用

Part 01

AI 工作術：提升效率與創意策略

激烈的職場競爭中，AI 技術革命性地提升了工作效率及創意發想。本章節深入介紹 AI 工具和策略，幫助各行各業人員優化流程並輕鬆駕馭 AI 技術。

數位新趨勢

現代職場的關鍵在於精準掌握需求並有效應對，透過與 AI 交流，設計策略並實現目標，全面提升工作效能與組織推動力。

AI 驅動下的策略轉型：職場效能全面提升

數位時代，職場領域正在經歷一場前所未有的變革，AI 人工智慧無疑是這場變革的核心推動力之一，AI 重塑了策略的操作方式，成為各行各業的新助力。透過以下幾種方式，全面提升企業效率和成果：

- **精準數據分析與預測**：AI 以其強大的數據分析能力成為職場的一大優勢，員工可以利用 AI 來處理和分析大數據，進而挖掘出潛在的市場趨勢、消費者行為模式與消費傾向，從而提高行銷效果。

- **個性化策略制定**：利用數據和 AI 技術，根據個別消費者的喜好、行為和需求，量身定製和優化策略。這種方法不僅提高了品牌的吸引力和忠誠度，還增加了目標達成率和滿意度。
- **創意內容生成**：利用 AI 技術自動生成吸引人的行銷文案、圖像、簡報與影片腳本...等內容，快速且符合品牌調性。多種方法可幫助職場人員在短時間內創造多樣化、高點擊率和高質量的內容，提升品牌曝光和受眾互動。
- **優化社群管理**：AI 在社群媒體行銷中發揮著關鍵作用。可以協助撰寫貼文文案、梗圖設計、回復訊息和分析資料...等，員工可以輕鬆管理多個社群平台，並根據受眾的反饋和互動數據進行調整，優化內容策略，從而提高社群媒體行銷的效率和品牌影響力。
- **智慧客服與互動**：AI 聊天機器人和虛擬助手在客服方面展現了強大能力，能 24 小時不間斷地為消費者解答常見問題與處理消費者投訴，提升客服滿意度和忠誠度，降低人力成本，確保消費者隨時獲得支援。

- **效果測量與優化**：AI 能提供強大的數據分析、精確評估和反饋，幫助行銷人員了解策略效果，並根據結果即時調整方案，為品牌持續優化，實現精準投放，將效益最大化。

什麼是 ChatGPT？

ChatGPT 是一款 AI 聊天機器人，不僅能以自然語句輕鬆回答不同專業領域的問題，還擅長執行各種任務，例如：翻譯文章、文案創作、撰寫程式以及圖像生成...等，節省了許多繁雜的工作步驟，讓職場工作效率大幅提升。

GPT 指的是 "生成型預訓練變換模型 (Generative Pre-trained Transformer)"，由 OpenAI 開發。利用大量網路文字樣本進行深度學習訓練，建立起龐大的 "自然語言處理模型分析大數據" 資料庫。ChatGPT 會使用這個資料庫，拆解與重新組合文字，生成多種不同答案。因此，即使使用相同提示詞，ChatGPT 的回答也不一定完全相同。

ChatGPT 也會透過人工處理的方式調整回應內容，並更具 "人性化"，在這樣的問與答、反覆學習的過程中，當 ChatGPT 獲得足夠的知識庫後，其生成的結果也會越來越精準。

OpenAI 在 2018 年推出 ChatGPT，至今 GPT-4o、GPT-4o mini 為最新版本，回答更加精準快速。一般使用者只要開啟 ChatGPT 官網就能免費使用 (有註冊登入才能保留對談內容與更多功能設定)，不同方案能使用的版本與次數不同，例如：免費帳號能切換使用 GPT-4o mini 與 GPT-4o 版本，但有次數限制；付費帳號則有更多的使用次數並擁有更進階的功能。

ChatGPT 應用上的限制

作為一個 AI 聊天機器人，使用上仍然有一些限制，尤其在處理複雜或具有情境性的問題時：

■ **多語言支持**：ChatGPT 支援多國語言，因此使用中文也沒有問題。然而 ChatGPT 訓練資料與數據多以英文為主，因此對英文的接受度與表現相對較好，其他語言可能依普遍性、使用習慣或特殊性，有些許的差異。

■ **受限來源資料的時間**：ChatGPT 的知識主要來自於一個已經預先訓練好的自然語言處理模型，其數據的時間範圍從最早公開的資料開始，一直到 2023 年 4 月 (GPT-4) 及 2023 年 10 月 (GPT-4o mini)，若提問超出此範圍的資料，ChatGPT 可能會因為缺乏相關訓練數據，導致無法提供最新且正確的結果。例如：具有時間性的事件或新聞、新興產業、目前趨勢或潮流...等。

- **GPT-3.5**：訓練數據截止至2022年1月。這意味著這個版本可以提供直到該日期的資訊。
- **GPT-4**（包括GPT-4 Turbo）**：訓練數據截止至2023年4月。這使得這個版本能夠提供較為近期的資訊，直到2023年4月 (TechNewsDay) (Reddit)。

■ **無法正確理解的情境**：ChatGPT 無法像人類一樣理解情境和內容，它只能根據提供的問題和輸入的訊息來回答，如果沒有獲得足夠的訊息或者無法理解問題的背景和目的，即無法提供具有參考價值的答案。

雖然我有很多知識和能力，但有些類型的問題對我來說仍然很難解答或無法完全解答。這些問題包括但不限於以下幾類：

1. 過於主觀或個人的問題

- **個人選擇和決策**：例如"我應該選擇哪個大學？"這類問題需要考慮很多個人的因素，我無法代替你做出這樣的決定。

以下省略

■ **無情感**：ChatGPT 是一個自然語言處理模型資料庫，因此無法感受並理解情感。對於涉及情感方面的問題，無法提供具體有效的建議。

開始使用 ChatGPT

現在使用 ChatGPT 的用戶不需登入即可對談，但有登入帳號的用戶才能保留對話內容，方便日後查閱和延續討論。

註冊、登入帳號

開啟瀏覽器，於網址列輸入：「https://chatgpt.com/」進入 ChatGPT 首頁，若為初次使用，於畫面右上角選按 **註冊** 鈕。

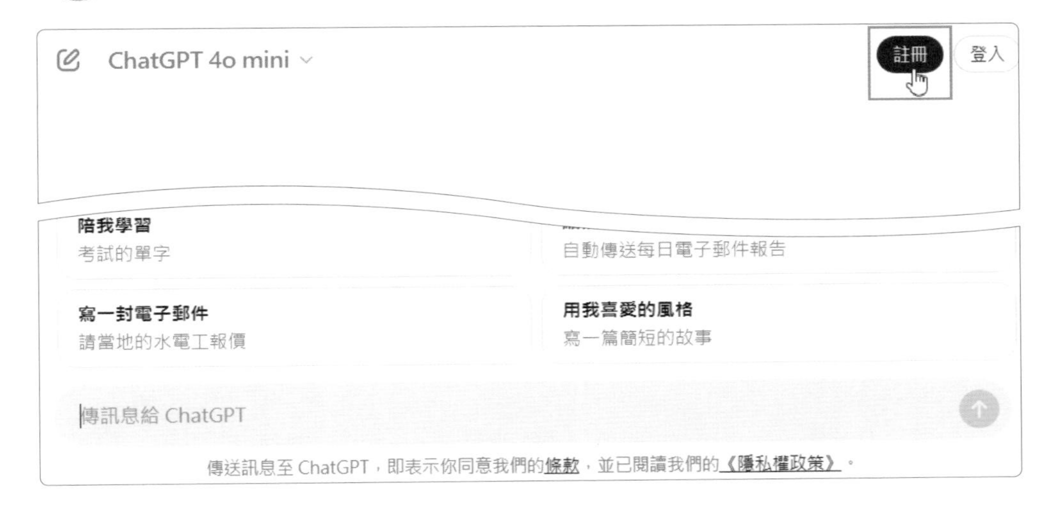

STEP 02

選擇合適的註冊方式，在此選按 **使用 Google 繼續** 鈕。依各帳號的設定步驟完成帳號登入，若詢問使用者身分相關資訊，選按合適的項目，再選按 **同意** 鈕即完成。

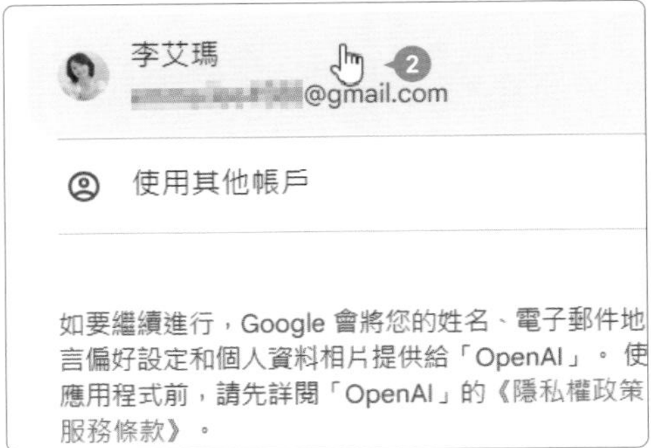

免費版與付費版的差異

ChatGPT 免費版和付費版之間的差異主要在於性能、部分功能與否和使用體驗。以下是一些具體的明細內容：

免費版	Plus	團隊
✓ 協助寫作、解決問題...等 ✓ 可使用 GPT-4o mini ✓ 有限使用 GPT-4o (免費用戶在達到次數限制後，系統會自動將模型切換回 GPT-4o mini。) ✓ 有限使用進階資料分析、檔案上傳、視覺、網頁瀏覽和使用 GPT... 等功能	✓ 搶先體驗新功能 ✓ 可使用 GPT-4o、GPT-4、GPT-4o mini 模型 ✓ GPT-4o 擁有相較於免費版 5 倍的使用次數 ✓ 可使用進階資料分析、檔案上傳、視覺和網頁瀏覽功能 ✓ 生成 DALL·E 圖像 ✓ 建立並使用自訂 GPT	✓ 含 Plus 的全部功能 ✓ 對 GPT-4、GPT-4o 和工具 (例如 DALL·E 圖像生成、進階資料分析、網頁瀏覽等) 有更多的資源應用及操作次數。 ✓ 建立並與團隊共用 GPT ✓ 工作空間管理的管理員控制台 ✓ 依預設，團隊資料不會用來訓練模型
每月 0 美元	每月 20 美元	每月 25 美元 / 人

如果 GPT-4o 和 GPT-4o Mini 每日使用次數使用完後 (每三小時會重置)，系統會自動切換到 GPT-3.5 版本。

詳細方案以官方說明為主，於 ChatGPT 首頁畫面左下角選按 **升級方案** 開啟說明，或是於網址列輸入：「https://openai.com/chatgpt/pricing/」。

認識 ChatGPT 介面

使用 ChatGPT 前，先瞭解介面的基本配置：

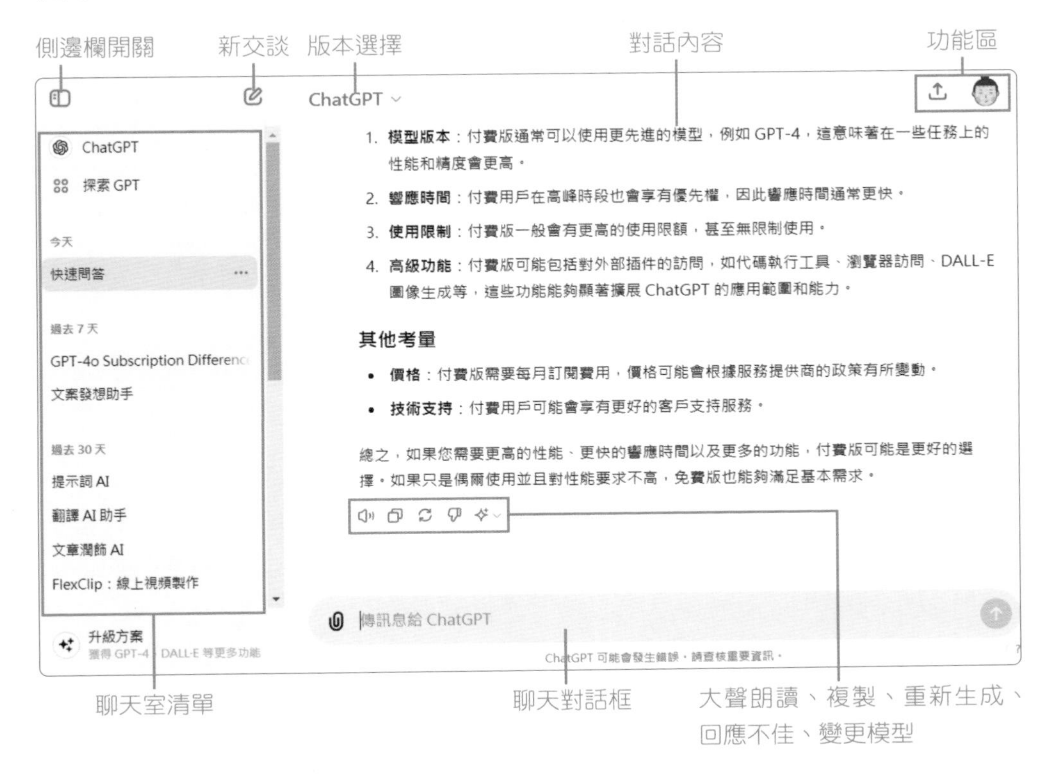

- **側邊欄**：選按 [icon] **新交談** 可開啟新聊天室，正在進行或曾經開啟的聊天室會一一列項於側邊欄，選按清單中某一個聊天室可開啟該對話內容，於聊天室右側選按 [icon] **選項**，其中 [icon] 則可為聊天室重新命名，[icon] 可封存該聊天室，[icon] 可刪除該聊天室。
- **版本選擇**：可切換 GPT 模型。
- **對話內容**：聊天室內容會顯示於此處。
- **聊天對話框**：輸入文字或選按左側 [icon] 附加圖像、文件檔案，選按 [icon] 或按 Enter 鍵傳送。
- **功能區**：選按 [icon] 可分享聊天室交談的內容；選按帳號縮圖，清單中可設定 **自訂 ChatGPT**、**設定** 或 **登出**...等功能。

ChatGPT 的入門使用技巧

初次接觸 ChatGPT，不知道如何開始？開啟新交談時，可以於起始畫面選按隨機主題與 ChatGPT 進行互動。

OpenAI 於 2024 年 5 月發布 ChatGPT-4o 模型，其中的 o 指的是「全能 (omni)」，有著更出色的語處理能力、更強的個人化互動、更多樣化的多功處理能力...等特色，反應速度與服務質量更勝一籌。

目前 GPT-4o 模型提供給所有人使用 (免費及付費用戶)，免費用戶每三個小時僅能使用 20 次；而 ChatGPT Plus 用戶則有每三小時 100 次的使用上限。有問題想詢問 ChatGPT，可以依以下方法操作：

STEP 01 於對話框按一下滑鼠左鍵產生輸入線，輸入欲詢問的問題 (又稱 Prompt；提示詞)，選按 ⬆ 或按 Enter 鍵將問題送出。

接著 ChatGPT 會回答你的問題。(每次的回答都隨機產生，因此就算輸入相同提示詞，也有可能會出現不同答案。)

ChatGPT 的回答　　　　提問的問題 (提示詞)

目前社群媒體行銷有哪些最新趨勢？

已搜尋 6 個網站

在2024年，社群媒體行銷出現了幾個重要趨勢，以下是一些最新的趨勢和建議：

1. **真實且非商業化的內容**：
   現代消費者更喜歡真實的內容，而非過於商業化的宣傳。展示品牌的幕后故事、員工日常或產品製造過程等都能增強真實感 (Sprout Social) (WebFX)。

以下省略

小提示

切換 ChatGPT-4o mini 或 ChatGPT-4o 模型

目前免費版本的 ChatGPT 預設會使用 GPT-4o 模型來對談，待限定額度使用完畢後，會自動切換至 GPT-4o mini 模型。之後若是要切換回 GPT-4o 模型，可將滑鼠指標移至 ChatGPT 回覆的內容，最後一行下方選按 ，清單中選按 **GPT-4o** 模型即可更換模型並重新生成回答。

若是要將 GPT-4o 模型回覆的內容降成 GPT-4o mini 模型，則於相同位置選按 ，清單中選按 **GPT-4o mini** 模型即可重新生成。

針對 ChatGPT 的回覆，可以再進一步提問。

短影片製作需要考量哪些關鍵重點?

製作短影片時，有幾個關鍵重點需要考量，以確保影片有效吸引觀眾並達到預期目標：

1. 目標和受眾

- **明確目標**：確定影片的目的（如教育、娛樂、推廣）。
- **了解受眾**：分析目標受眾的興趣和需求，以便創作符合他們口味的內容。

2. 內容和故事

以下省略

如果對 ChatGPT 的回答不滿意或是不甚了解，一樣可以繼續提問，像是「有更簡單的說明嗎？」，或是「以國小生可以理解的方式說明」...等，讓 ChatGPT 的回答更符合需求。

有更簡單的說明嗎？

當你做短影片時，可以這樣想：

1. **知道目標**：影片要做什麼？讓大家開心還是學習新東西？
2. **有趣內容**：影片要簡單好玩，開頭要吸引人。
3. **清晰畫面**：畫面要明亮，讓大家看得清楚。
4. **好音樂**：選擇合適的音樂和音效，讓影片更有趣。
5. **剪接順暢**：讓影片流暢，不要讓人覺得突兀。
6. **清晰文字**：如果有文字，讓它們簡單易讀。
7. **告訴大家要做什麼**：如果希望大家做某事，要清楚告訴他們。
8. **適合平台**：確保影片適合你要上傳的網站或應用程式。

以下省略

掌握 Prompt 提問技巧

透過學習如何提出明確且具體的問題，將能更高效地優化工作流程，並提升數位行銷和客服...等領域的效能。

用 Prompt (提示詞) 精準提問

與 AI 人工智慧溝通時，"Prompt" 指的是提供給 AI 的指令、提示詞與各式描述，用來引導 AI 生成回答或特定內容。人與人溝通的過程中，常常會遇到難以清晰表達的情況，這可能導致對話偏離重點，缺乏精確的訊息。同理，模糊的對話不僅會影響溝通，也會讓 ChatGPT 無法提供正確回應。為了讓溝通更加順暢，可以透過具體的指示、清晰的情境想像力、以及明確的重點範圍與目的來溝通。這些方法能幫助 ChatGPT 更好地理解問題的本質，進而提供更準確的回答。

好的 Prompt 有哪些基本元素？

- **清晰具體的指示**：提問時，需給予 ChatGPT 具體的指示，例如："撰寫一篇 500 字內的文章" 或 "將腳本內容設計成 90 秒的短影片，包括片頭以及..."，避免使用模糊或不確定的描述。
- **專家角色定位**：告訴 ChatGPT 在接下來對話中要擔任的 "角色"，先定義角色，再開始對話。例如：數位行銷專家、品牌經理、市場研究分析師、科學家、旅行社服務人員、老師...等，這樣可以讓 ChatGPT 以相對應的角度、專業、語調和口吻回答問題，提供更多樣化的見解，得到更符合你期望的回覆。
- **保持與主題的相關性**：同一個聊天室 (chat) 中的問題方向需保持在相同主題架構下，因為過多主題可能會分散回答焦點。以 ChatGPT 每一次的回答為基礎，繼續延伸問題，並反覆修訂，直到獲得最滿意的回答。

■ **重點範圍及目的**：提出問題時，需明確指定重點範圍及目的，讓 ChatGPT 明確地了解要回答的問題。不要給出範圍過大或過小的問題，同時提供一些基本的要求與限制。例如："設計一份 Google 表單問卷，以深入了解消費者對十週年活動的滿意度..." 或 "在 Excel 中，舉一個實例，教我如何使用 COUNTIFS 函數"。

Excel 中，舉一個實例，教我如何使用 COUNTIFS 函數

當然可以！`COUNTIFS` 函數在 Excel 中用來計算符合多個條件的單元格數量。下面是一個實例，說明如何使用 `COUNTIFS` 函數。

假設你有一個銷售數據表格，如下所示：

A	B	C
日期	銷售額	地區
2024/07/01	500	台北
2024/07/01	300	高雄
2024/07/02	200	台北
2024/07/02	700	高雄

以下省略

先設置角色再提問

許多高階使用者使用 ChatGPT 時，都會利用 "角色扮演" 的技巧提升並培養 ChatGPT 回覆的品質，例如：

Prompt

首先，你是一位網路行銷專家，善長在社群平台建立活動推廣產品與服務。

記憶已更新

了解了，接下來我會以專業的網路行銷專家角度來撰寫和調整您的需求。如果有任何具體要求或修改，請隨時告訴我！

透過上述的角色設定後，即可開始要求 ChatGPT 協助發想：

Prompt

我想要在 Facebook 平台銷售一款新型的藍牙耳機，目標受眾是 18~30 歲的台灣年輕人，請以繁體中文寫出這個專案的企劃文案。

好的，以下是一個完整的 Facebook 平台銷售新型藍牙耳機的企劃，包括關鍵資訊、口號及額外的推廣活動。

Facebook 銷售企劃：新型藍牙耳機

成功指標

- **曝光量**：目標達到至少100萬次曝光。
- **參與度**：社群互動和挑戰活動參與人數達到5000人以上。
- **銷售量**：活動期間銷售量提升30%。

透過以上的推廣活動和策略，我們希望能夠吸引目標受眾的注意，增加產品的知名度和銷

以下省略

提出的問題結構越嚴謹，ChatGPT 的回覆會更精準，如果第一次取得的資訊不甚滿意，可以透過後續的提問慢慢修正結果。當 ChatGPT 明確了解所扮演的 "角色" 時，能更精確地理解問題、記憶對話內容，並將對話內容整合，以你設置的角色形象進行更複雜的互動。

小提示

使用 ChatGPT 的經驗分享

ChatGPT 是一款基於深度神經網路的自然語言模型，透過持續的分析和回答經驗來不斷提升自身的理解能力。能夠利用延伸的提問來加強學習，並在遭遇錯誤時進行自我修正，確保提供準確和可靠的回答。

專屬聊天室培養專屬 AI 助手

在任何聊天室向 ChatGPT 提問，使用者都能獲得即時回答。然而每個聊天室都是一個獨立的 AI 助手。建議使用者若未來需再次詢問相似的問題，可使用先前對該主題進行過對話的聊天室，這樣 ChatGPT 能更準確回答，並從先前的回答中學習，進一步改進，提供更優質的內容。

> 若在同一個聊天室持續詢問相同類的問題，可以讓 ChatGPT 後續的回答更符合求嗎？
>
> 是的，持續在同一個聊天室詢問相同類型的問題，確實可以幫助ChatGPT更好地理解你的需求，並提供更符合你期望的回答。這是因為：
>
> 1. **上下文記憶**：在同一個聊天會話中，ChatGPT能夠記住之前的對話內容，這使得它能夠在後續的回答中參考之前的訊息，提供更相關和連貫的回應。
>
> 2. 具體化需求：通過多次詢問相同類型的問題，你可以逐步提供更多的細節和背景資訊，
>
> *以下省略*

每個聊天室主要探討的主題略有不同，最理想的情況是，每個聊天室中都有一位 AI 助手專門處理相似類型的問題，透過不斷的學習與反覆訓練，產生更加精確的回答。

分享或匯出 ChatGPT 聊天室

要將 ChatGPT 聊天室的內容分享給其他人瀏覽，分享連結即可，另外，也可以將聊天室的交談內容匯出備存。

分享聊天室公開連結

於側邊欄欲分享的聊天室右側選按 ⋯ **選項** \ **分享**。

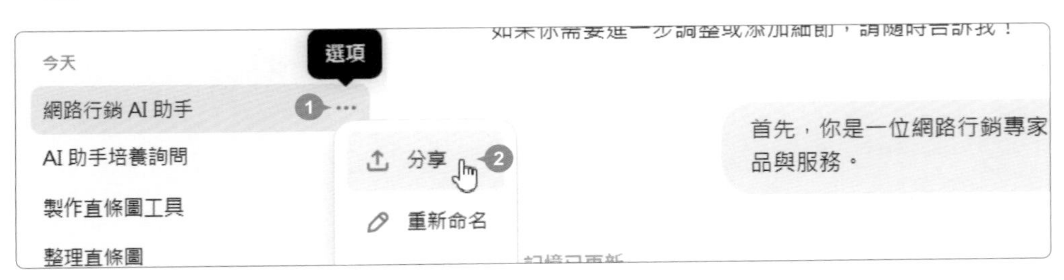

STEP 02 選按 **建立連結** 鈕，待建立完成後，再選按 **複製連結** 鈕將連結貼至欲分享的對象或平台即可；或是選按下方社群平台圖示，依指示完成帳號登入與貼文操作，即可公開該連結。

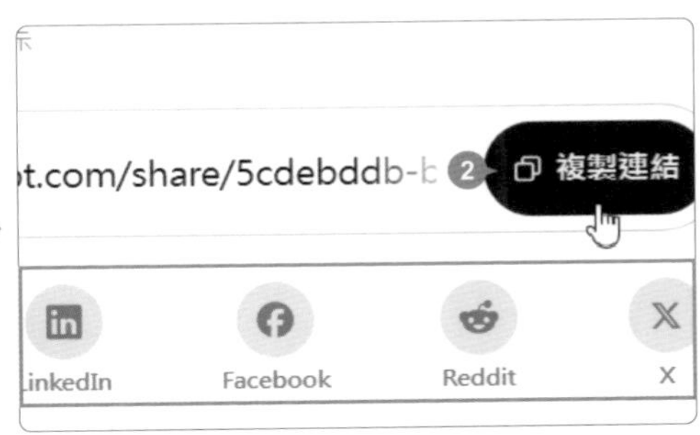

小提示

圖片與特殊物件

匯出的聊天室內容僅限純文字部分，如有生成的圖片或是其他由 ChatGPT 生成的特殊物件則無法匯出備存。

匯出所有聊天室資料

STEP 01 於畫面右上角選按帳號縮圖 \ ⚙ **設定**。

STEP 02 於 **設定** 對話方塊，選按 **資料控管 \ 匯出** 鈕，再選按 **確認匯出** 鈕，即可將資料以電子郵件 (ChatGPT 註冊帳號) 的方式寄送。

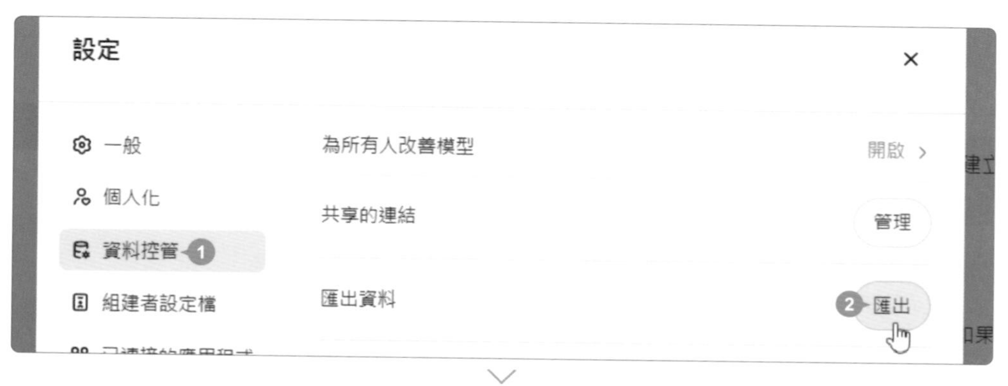

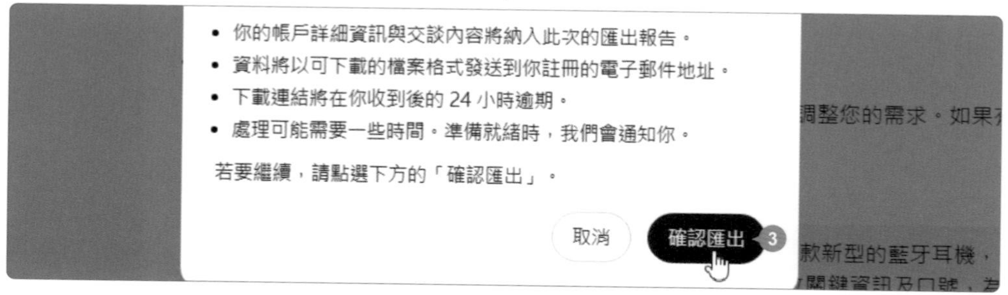

STEP 03 最後，於收到該電子郵件並開啟後，選按 **下載資料匯出** 鈕下載壓縮檔案至本機，解壓縮後再以瀏覽器開啟 chat.html 檔案即可。

Part 02

ChatGPT 優化行銷文案與企劃撰寫

數位行銷時代，ChatGPT 成為優化行銷文案與企劃撰寫的強大工具。透過 AI 技術，可以迅速生成引人注目的標題和內容，有效突顯產品優勢，吸引目標受眾並提升轉化率。

無論是精準的 SEO 策略、廣告文案、影片行銷設計，還是透過 6W2H 分析法將想法轉換成文案，ChatGPT 都能協助你輕鬆完成，助力品牌在競爭激烈的市場中脫穎而出。

高效文案掌握行銷商機

數位時代，高效文案不僅是傳遞訊息的橋樑，更是抓住行銷商機的利器，讓品牌脫穎而出。

吸引目光的高效文案

"高效文案" 是指在行銷和品牌推廣中，能夠迅速、有效地吸引目標受眾的注意力，並清晰地傳遞關鍵訊息，促使受眾採取具體行動。這類文案能顯著提升品牌的影響力和轉換率，其特徵包括：

- **吸引注意力**：文案開頭具有吸引力，能立刻抓住顧客的眼球。
- **清晰簡明**：用語簡潔，直接傳達核心資訊，不拖泥帶水。
- **情感共鳴**：能引發顧客的情感共鳴，使其對品牌或產品產生認同感。
- **價值主張明確**：清楚地展示產品或服務的獨特賣點和價值。
- **目標導向**：根據特定行銷目標和受眾需求，量身定製的文案內容。
- **行動導向**：包含明確的行動號召，具體鼓勵顧客購買、註冊或點擊。
- **符合 SEO 原則**：數位平台上發布的文案，需包含適當的關鍵詞以提升搜尋引擎排名。

突顯產品優勢與深化品牌連結

行銷文案不僅是傳達產品特點的工具，更能透過故事性內容深化顧客與品牌的情感連結。以下深入探討如何透過精心設計的標題與文案，有效地突顯產品的獨特優勢，並運用故事性元素建立品牌認同和吸引目標受眾的關鍵策略：

標題與文案設計

- 使用簡潔而具有吸引力的標題，直接突顯產品的核心價值提案。
- 整合關鍵字和情感元素，吸引目標受眾的目光。
- 依目標受眾的需求為出發點，強調產品解決問題的能力。

品牌故事的建構

- 以故事性手法營造情感共鳴，讓顧客能夠與品牌產生共鳴和情感聯繫。
- 敘述品牌的背景、價值觀和使命，使其更具吸引力和可信度。

這些策略將有助於在競爭激烈的市場中，透過引人入勝的文案和情感豐富的品牌故事，深化顧客對品牌的情感連結，並有效地突顯產品的獨特價值。

SEO 優化與 AI 市場競爭分析

數位營銷中，SEO 優化和 AI 市場競爭分析是提升品牌在搜索引擎中曝光並為企業提供即時市場洞察的關鍵策略。以下探討如何有效運用這項策略：

AI 技術應用於市場競爭分析

- 自動收集和分析大量市場數據，包括競爭對手的策略、產品和市場趨勢。
- 預測市場發展趨勢，幫助企業及時調整策略以應對競爭和需求變化。

SEO 優化關鍵字與潛在商機

- 運用 AI 技術找出關鍵字，提高網站在搜索引擎上的排名和曝光率。
- 文案中整合主要和次要關鍵字，有效地吸引和轉化潛在客戶。

數據驅動的策略制定

- 根據 AI 市場競爭分析，制定個性化和有效的行銷和推廣策略。
- 持續監測和優化 SEO 策略，以確保品牌在搜索引擎中保持高曝光率和競爭力。

讓 ChatGPT 成為你的行銷專家

使用 ChatGPT 前，先指定其角色，以確保後續的回答更精準、專業，助你贏得市場先機。

專業行銷專家能提升品牌形象，優化產品推廣，增加市場佔有率，驅動銷售增長並強化公司競爭優勢。

讓 ChatGPT 同時擔任數位行銷專家、品牌經理與市場研究分析師，於後續提問提供專業的回答。

Prompt

請擔任數位行銷專家、品牌經理與市場研究分析師，為後續提問提供專業的回答。

好的，作為數位行銷專家、品牌經理與市場研究分析師，我會以專業的角度來回答你的問題。請問有什麼我可以幫助的呢？

請 ChatGPT 簡述這三個角色的工作內容。

Prompt

這三個角色，其工作的關鍵內容是什麼？分別列項說明。

好的，以下是數位行銷專家、品牌經理和市場研究分析師這三個角色的關鍵工作內容：

數位行銷專家

1. **數位行銷策略制定**：
   - 設計和執行整體數位行銷策略，包括SEO、SEM、社交媒體行銷、內容行銷、電郵行銷等。
   - 分析市場趨勢，制定適應市場變化的行銷計劃。

以下省略

提升粉絲互動的社群行銷

提升粉絲互動的社群行銷策略，可以讓你的品牌更貼近客群，創造真正的價值交流。

社群行銷主要透過 Facebook、Instagram、Line...等平台與潛在客群互動，為產品和品牌打造多樣、創新、高效和長時間曝光的行銷優勢。ChatGPT 可以針對不同社群平台 (例如：Facebook、Instagram、TikTok...等)，生成合適的行銷文案。

有效社群文案的四大關鍵技巧

- **思考文案的目的**：撰寫文案前，先確定其主要目的，是宣傳產品、吸引客群購買，還是希望透過貼文增加互動，如鼓勵粉絲留言、分享，或為網站帶來流量。明確目的有助於設定文案的方向和調性。
- **確認文案的客群**：了解客群特質、產品使用對象及特定服務族群...等。站在客群的角度撰寫文案，能更符合他們的需求和興趣。
- **讓文案取得優勢**：
  - 結合時事或熱門話題：在貼文中融入相關時事或熱門話題，能引起關注，讓客群對品牌或產品印象深刻，進而引發大量分享。
  - 引人注目的標題與關鍵字：標題是吸引注意的第一步，要考慮傳遞的訊息、內容相關性及引起客群共鳴，並善用 Hashtag (#) 增加曝光度。
  - 善用表情符號：表情符號能傳遞生動活潑的語氣，增加貼文的影響力。
- **掌握季節與節日活動**：根據季節變化和節日特性撰寫文案，如夏季的消暑、防曬，冬季的溫暖、養生；同時關注元旦、農曆新年、母親節、聖誕節...等節日，提前準備文案，配合行銷和促銷活動。

高效社群貼文文案

以前面提到社群行銷文案撰寫原則，讓 ChatGPT 化身為社群行銷企劃小編，協助撰寫高效貼文。

完成 ChatGPT 角色定義後，發想 Facebook 與 Instagram 適合的文案，提問時可說明活動相關資訊、目標客群、內容創意、風格語調...等。

提示詞指令：為 對象 撰寫 社群平台名稱 適合的文案，包含：標題、內文、Hashtag、建議照片。

活動主題：描述店家與活動內容。

Prompt

為「運動用品店」撰寫 Facebook 與 Instagram 適合的文案，包含：標題、內文、Hashtag、建議照片。

活動主題：我是一間運動用品店的老闆，希望在情人節期間推出一個活動，主要針對 40 ~ 60 歲的運動愛好者。活動內容是購買任意男、女鞋各一雙即可享折扣 520 元，活動日期：2/10 ~ 2/14。

Facebook 貼文

標題：

情人節特惠：愛與健康同行，520元折扣來襲！

內文：

情人節即將到來，我們特別推出愛心滿滿的情侶鞋折扣活動！只需購買男女鞋各一雙，即可享受520元折扣！ 無論是晨跑、散步還是健身，我們的運動鞋都將為你們提供最佳的舒適和支持。

不要錯過這個絕佳的機會，與你的另一半一起踏上健康之旅，共享甜蜜時光！

活動日期：2月10日 - 2月14日

快來我們的店鋪或訪問我們的網站參加活動吧！

#情人節 #520優惠 #情侶鞋 #健康生活 #運動鞋 #愛情與健康 #舒適運動 #情侶步伐

建議照片：

一對中年情侶在公園晨跑或散步的照片，兩人穿著一致的運動鞋，背景是充滿陽光和自然景色，顯示出健康和幸福的生活方式。可以拍攝他們微笑交流或手牽手的場

Instagram 貼文

標題：
情人節特惠：情侶鞋，愛情與健康的完美結合！👟❤️

內文：
這個情人節，用一雙舒適的運動鞋表達你的愛意吧！購買男女鞋各一雙，即可享受520元折扣！🍀 與你的另一半一起享受健康的生活，共同踏上幸福之旅。

📅 活動日期：2月10日 - 2月14日

🏃🏃 抓緊時間，來店或在線選購，享受甜蜜優惠吧！

#ValentinesDay #520Discount #HealthyLifestyle #CoupleShoes #LoveAndHealth #RunningShoes #ComfortAndStyle #情人節 #情侶鞋 #健康生活

建議照片：
一對中年情侶在戶外步行或運動的照片，兩人穿著相同的運動鞋，背景是自然風光，如公園或步道，營造出健康和幸福的氛圍。照片應該強調舒適與健康，讓目標

生成的行銷文案若缺少關鍵元素，可要求 ChatGPT 加以調整。另外可複製 "建議照片" 中的說明讓 ChatGPT 生成圖片，直接以該圖片於社群平台貼文中呈現或以此提供小編拍攝正式素材的靈感。(生成圖片功能需為 ChatGPT 付費帳號才有支援)

提示詞指令：產生 數字 比例的照片，描述照片的內容。

Prompt

產生 1:1 比例的照片，一對中年情侶在公園晨跑或散步的照片，兩人穿著一致的運動鞋，背景是充滿陽光和自然景色，顯示出健康和幸福的生活方式。可以拍攝他們微笑交流或手牽手的場景，增添溫馨感。

抽獎活動貼文文案

想拓展品牌的線上客群，舉辦抽獎活動是無須廣告費且最有效的方式之一；透過贈品展示產品、服務或專業能力，能有效達到行銷目的。

延續前面的交談，讓 ChatGPT 發想一篇適合抽獎活動的貼文文案，而抽獎活動要辦得成功，必須設立清楚的主題或目標。

提示詞指令：以 活動主題 為主題，撰寫抽獎活動的社群貼文。

Prompt

以「十週年慶」為主題，撰寫抽獎活動的社群貼文。

Facebook 文案

標題：

十週年慶典！感謝有你，一路相伴！

內文：

🎉 我們的運動用品店迎來了十週年慶典！🎉

這十年來，感謝每一位顧客的支持與信賴，為了回饋大家，我們特別推出十週年抽獎活動！參加方式簡單，獎品豐富，快來參與吧！

活動方式：

1. 在本篇貼文按讚並分享。
2. 在留言區標註三位好友並寫下 "十週年快樂"。
3. 追蹤我們的粉絲專頁。

獎品內容：

以下省略

檢視由 ChatGPT 生成的抽獎活動貼文文案，活動方式不要設計得太過複雜，並選擇有趣和具有吸引力的獎品；因此可再要求調整活動方式或指定獎品內容，並於文案最後加入官網頁面連結，以及官方 Facebook 和 Instagram 連結...等，使文案更符合官方需求。

用標題與文案強調產品優勢

打造引人注目的產品標題與行銷文案，突顯產品獨特優勢，吸引目標受眾，提升品牌影響力與銷售成效。

利用 ChatGPT 提升產品行銷效果，需提供目標市場、目標客群的特徵和購買動機、產品特性、品牌定位、品牌形象...等資訊，透過這些資訊，可以更精準地制定行銷策略，創作吸引眼球的標題與內容。

產品標題的三大關鍵技巧

標題對於社群分享和網頁搜尋至關重要，好的標題能夠吸引消費者，提高產品銷售和吸引潛在客群的效果。以下是發想標題的關鍵技巧：

- **簡潔明瞭**：產品標題要簡短精悍，避免冗長和過多形容詞，讓客群迅速了解產品特點。
- **強調價值**：突顯獨特功能、問題解決能力、市調滿意度...等，以引起客群的興趣和共鳴。
- **利用關鍵字**：在標題中嵌入相關且常被搜尋的關鍵字，可以提升產品在搜尋引擎中的曝光率與排名。

產品介紹的三大關鍵技巧

好的產品介紹可以增加銷售量、吸引潛在客群、提升品牌形象、提供消費者資訊、創造情感共鳴，並增加口碑和評價，進而為品牌和企業帶來更多效益。以下是發想產品介紹的關鍵技巧：

- **強調產品優勢**：相較於競爭產品所具有的獨特特點和優越之處，讓客群了解為什麼這個產品值得購買，例如：技術優勢、性能優勢或市場優勢。

- **引人入勝的故事**：故事可以是品牌背景、產品研發過程，或跟產品相關的真實用戶故事，讓客群能夠在心裡建立與產品之間的連結。
- **具吸引力的形容詞**：運用生動且有吸引力的形容詞來描述產品的特點和效益，可以幫助客群形成更具體的印象，提高對產品的興趣。

發想產品名稱與標題

完成 ChatGPT 角色定義後，依據 "品牌定義" 與 "產品介紹" 發想 5 個產品名稱與標題 (口號)。

提示詞指令：描述品牌與產品，請列出 數字 個產品名稱與行銷標題建議。("品牌定義" 描述、"產品介紹" 描述)

Prompt

我推出一個運動鞋品牌，今年會銷售一款新型跑步鞋，請列出 5 個產品名稱與行銷標題建議。

"品牌定義"
目標客群：25~45 歲的城市跑步愛好者和健身達人。
品牌價值：卓越舒適、環保材料。
市場定位：中高端市場，專注於跑步鞋和健身鞋 。
品牌形象：簡潔現代的設計風格，強調環保和科技創新。

"產品介紹"
專為城市跑步愛好者和健身達人設計，結合卓越舒適性、科技創新和環保材料，適合 25~45 歲的運動愛好者。這款跑步鞋不僅提升您的運動體驗，還展現了我們對地球的關愛。

了解您的需求後，以下是5個產品名稱和行銷標題的建議：

產品名稱與行銷標題

1. **產品名稱：EcoStride**
   行銷標題：奔跑在科技與自然的交匯點

5. **產品名稱：CityStride**
   行銷標題：在城市中奔跑，為地球護航
   - 描述：CityStride跑步鞋專為城市跑步愛好者設計，強調環保和科技創新，讓您在享受運動的同時，也能為地球環境盡一份心力。

發想產品說明與行銷文案

ChatGPT 發想產品行銷文案的過程中，可以先了解使用情境與消費動機，進而整合產品主題，打造更具吸引力和精準度的行銷文案。

延續前面的交談，以產品「CityStride 跑步鞋」示範，從使用情境與消費動機發想開始，作為後續內容行銷文案的依據。

提示詞指令：為 產品名稱，提供該產品 數字 組不同的情境。

Prompt

為 CityStride 跑步鞋，提供該產品 5 組不同的使用情境。

了解，以下是五組適合「CityStride 跑步鞋」的使用情境：

使用情境一：晨跑激活活力

描述：

在清晨，穿上CityStride跑步鞋，感受涼爽的晨風和城市初醒的活力。這款鞋提供卓越的舒適性和支撐性，讓您從一開始就充滿能量，迎接新一天的挑戰。

使用情境二：午休健身小時光

描述：

利用午休時間到健身房跑步機上進行一小時的高強度訓練。CityStride跑步鞋的輕量設計和優越的緩震效果，讓您的運動體驗更加愉快，並幫助您快速恢復，回到工作狀態。

Prompt

為 CityStride 跑步鞋，提供該產品 5 組不同的消費動機。

了解，以下是五組針對「CityStride跑步鞋」的消費動機：

消費動機一：追求卓越的舒適性

描述：

現代城市生活節奏快，壓力大，消費者需要一雙能夠提供極致舒適感的跑步鞋。CityStride跑步鞋以其優越的緩震系統和透氣材料，能夠在跑步過程中減少腳部疲勞，提供持久的舒適體驗，讓消費者在運動中感到輕鬆自在。

以下省略

有了前面與 ChatGPT 交談的 "品牌定義"、"產品介紹"、"使用情境" 與 "消費動機"...等資訊，藉由這些資訊發想產品說明與文案。

提示詞指令：

整合上述使用情境與消費動機內容，發想以下 (1) 和 (2)：

(1) 發想 數字 字的產品說明。

(2) 以 主題名稱 主題，語調 口吻，撰寫 數字 字，且帶有 emoji 的 產品名稱 行銷文案，並生成一張符合行銷文案的照片。

Prompt

整合上述使用情境與消費動機內容，發想以下 (1) 和 (2)：

(1) 發想 200 字的產品說明。

(2) 以「週末活力跑」主題，「幽默」口吻，撰寫 100 字，且帶有 emoji 的「CityStride 跑步鞋」行銷文案，並生成一張符合行銷文案的照片。

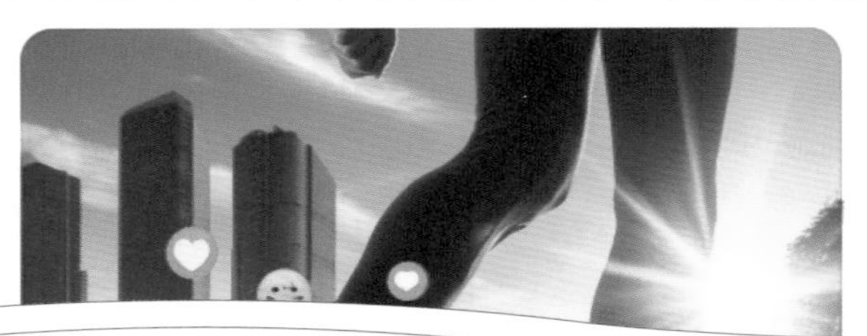

(1) 200 字的產品說明

CityStride跑步鞋是專為城市跑步愛好者和健身達人設計的理想裝備。無論是在清晨享受城市甦醒的靜謐，還是在午休時段於健身房裡輕鬆飄逸，CityStride都能提供卓越的舒適性和支撐性。下班後的夜跑，CityStride讓你成為街頭最閃亮的跑者；週末與跑友們長距離慢跑，環保材料讓你每一步都為地球貢獻一份力量。參加馬拉松比賽？CityStride的科技創新和舒適設計，讓你跑得更遠、更快、更開心。這款跑步鞋不僅符合現代時尚設計風格，更滿足您對高性能和環保的需求。CityStride跑步鞋，讓您的每一次奔跑都充滿活力和意義。

(2) 100 字的幽默行銷文案

🏃 **週末活力跑．CityStride讓你飛起來！** 🏃

清晨甦醒，穿上CityStride跑步鞋，一路奔向月球🌕。午休輕鬆飄，夜跑成街頭焦點✨。週末慢跑，環保又有趣🌍。參加馬拉松？CityStride助你跑得更遠、更快、更開心🎉。來吧，和我們一起奔跑吧！👟

同樣的，藉由交談中 "品牌定義"、"產品介紹"、"使用情境" 與 "消費動機"...等資訊，發想新聞稿或雜誌邀稿。

提示詞指令：媒體類型 邀稿文章，整合 產品名稱 上述使用情境與消費動機，以 主題名稱 主題，整理一段 數字 字開場文案，並列項大綱與可參考的資訊。

Prompt

雜誌邀稿文章，整合「CityStride 跑步鞋」上述使用情境與消費動機，以「嚴選台北 5 個最受跑者喜愛的練跑路線」主題，整理一段 100 字開場文案，並列項大綱與可參考的資訊。

開場文案

在忙碌的城市生活中，跑步成為許多台北市民釋放壓力、保持健康的最佳選擇。而一雙優秀的跑步鞋則是每個跑者的必備裝備。CityStride跑步鞋以卓越的舒適性、環保材料和科技創新，成為跑者們的最佳夥伴。接下來，我們將帶您探索台北市五個最受跑者喜愛的練跑路線，讓您的跑步之旅更加愉快和難忘。

文章大綱

1. **大安森林公園**

    - 環繞市中心、適合早晨跑步

    - **路線**：小油坑至擎天崗，約6公

    - **景點**：溫泉區、擎天崗草原

5. **北投溫泉區**

    - **特色**：溫泉風景、文化氛圍、運動後放鬆
    - **路線**：北投公園至地熱谷，約3公里
    - **景點**：溫泉博物館、地熱谷

可參考的資訊

- **台北市政府觀光局**網站：https://www.travel.taipei/zh-tw
- **台灣跑步指南**網站：https://www.runningtaiwan.com
- **當地跑步社群**與**社群媒體**上的跑步路線分享與評價

廣告文案與影片行銷設計

廣告文案與腳本設計廣泛應用於品牌推廣、社群媒體宣傳、電視廣告、網路影音...等，能有效提升銷售和品牌影響力。

廣告文案與影片腳本設計，關鍵在於準確定義目標客群、理解產品價值，並能為創作團隊提供具體、清晰的方向和建議，以確保生成的文案、腳本與產品定位一致，精準的發揮創意並提升工作效率。

廣告文案助力品牌與產品行銷

完成 ChatGPT 角色定義後，要求 ChatGPT 依文案屬性說明相關的關鍵要素。

提示詞指令：媒體類型 中刊登的廣告文案需有哪些關鍵要素？

Prompt

雜誌中刊登的廣告文案需有哪些關鍵要素？

在雜誌中刊登的廣告文案需要具備以下關鍵要素，以確保其能夠吸引目標受眾並達成廣告目標：

1. **醒目的標題**：標題是吸引讀者注意力的第一步，應該簡潔有力，並能引起興趣或好奇心。
2. **引人入勝的圖片或視覺效果**：雜誌廣告通常依賴視覺效果來吸引讀者，因此高質量且相關的圖片或設計元素是必不可少的。
3. **清晰的品牌信息**：確保品牌名稱、標誌和聯絡信息清晰可見，讓讀者能夠輕鬆辨識和

8. **讀者福利**：提供一些額外的好處或優惠……購買慾望。
9. **社會證明**：引用用戶評論、專家推薦或獎項等，增加產品或服務的可信度和吸引力。
10. **一致的品牌風格**：廣告設計和文案應該符合品牌的一貫風格，保持品牌形象的一致性。

以下省略

讓 ChatGPT 以上述關鍵要素為基準，再搭配公司對這份廣告文案的內容的要求，提供完整的文案標題與架構。

提示詞指令：基於上述關鍵要素，我要寫一則 主題名稱 的 媒體類型 專題廣告文案，約 數字 頁。

開頭希望安排 指定內容，後續則需強調 指定內容，這份廣告文案該有哪些標題與架構？

Prompt

基於上述關鍵要素，我要寫一則運動服飾的雜誌專題廣告文案，約二頁。

開頭希望安排品牌故事與風格，後續則需強調產品的功能性、時尚性和適用場景，以吸引潛在客群，這份廣告文案該有哪些標題與架構？

以下是一則兩頁運動服飾雜誌專題廣告文案的架構和標題建議，涵蓋品牌故事、產品功能性、時尚性及適用場景，並符合前述關鍵要素。

頁面一：品牌故事與風格

標題：「運動與風格的完美結合」

副標題：「引領運動服飾新潮流」

第一部分：品牌故事

品牌故事

我們的品牌創立於熱愛運動的初衷和對時尚的追求之下。從創始之初，我們就致力於為每一位運動愛好者提供不僅具備高性能的運動服飾，更在設計上引領潮流，讓每一位穿上我們服飾的人都能在運動場上和日常生活中展現最自信的自己。

第二部分：品牌風格

品牌風格

我們相信，運動服飾不僅僅是功能性的體現，更是一種生活態度和時尚宣言。通過融合最新的設計元素和高科技材料，我們創造出既舒適又時尚的運動服飾，適合多種場合，無論是在健身房、跑道還是街頭，都能讓你光芒四射。

頁面二：產品功能性、時尚性與適用場景

標題：「性能與時尚的完美邂逅」

副標題：「為你的每一個動作增添色彩」

結尾：呼籲行動

標題：「立即體驗無與倫比的運動時尚」

副標題：「加入我們，讓每一步都精彩」

行動呼籲

立即訪問我們的網站或前往最近的門店，選購你心儀的運動服飾，感受運動與時尚的完美

影片腳本重要性

腳本就像電視、電影的劇本，演員和工作人員依據它拍攝。拍攝影音前，利用文字或插圖編寫腳本，不僅指示拍攝內容，還能在製作會議中溝通技術要點，讓每個人了解自己的任務。

成功的行銷影音腳本在於精準傳達訊息並吸引觀眾行動。首先，釋出目標客群需求和有興趣的訊息，接著突顯產品或服務的獨特價值。確保短時間內引起共鳴，激發興趣，達成行銷目標。

提問短影音腳本的四大關鍵技巧

目前社群平台上最主流的短影音行銷模式，是以短片、便於分享的影音形式呈現，時長數秒至數分鐘的影片，迅速成為現代人的娛樂新型態。許多品牌或社群經營者陸續都加入短影音行列，根據不同需求與行銷目的呈現。以下是發想短影音腳本的關鍵技巧：

- **設定角色、品牌或產品的說明**：清晰地定義 ChatGPT 的角色，並說明品牌或產品，確保腳本設計能依這些內容延伸。
- **目標定位明確**：明確定義目標客群和行銷目的，以便針對性地傳遞訊息。
- **提出腳本要求**：列出具體需求和期望，包括內容、風格和時長...等。
- **根據提問的結果要求更詳盡列項整理**：根據交談結果提問和反饋，或要求以指定的結構整理腳本，使內容更具吸引力和效果。

廣告短影音腳本設計

延續前面的交談，將 "提問短影音腳本關鍵四大技巧" 提到的：角色、品牌與產品的說明，以及目標客群和行銷目的、腳本要求...等，詳細說明與提問。

提示詞指令：我是 職位描述，想為這個月主打產品 產品名稱 拍一個廣告短片，產生二份 平台名稱 影音腳本。

主要客群是 特徵與年齡，讓沒聽過我們店的人 用意，熟客 用意。腳本內容要以 語調 口吻方式來呈現，最好能在 時間長度 內完成。

Prompt

我是一間運動用品店的老闆，想為這個月主打產品「吸濕排汗羽球上衣」拍一個廣告短片，產生二份 IG Reels 影音腳本。

主要客群是 20~35 歲年輕人，讓沒聽過我們店的人可以馬上記住我們，熟客可以更常來看看新產品。腳本內容要以輕鬆詼諧的口吻方式來呈現，最好能在 90 秒內完成。

當然可以！以下是兩份適合 IG Reels 的廣告短片腳本，針對你的吸濕排汗羽球上衣，主要目標群體是20~35歲的年輕人。

廣告短片腳本 1: 「羽球場上的酷炫動作」

場景 1: 短片開場

- （音樂: 輕快、充滿活力的背景音樂）
- 畫面: 一個充滿活力的年輕人走進羽球場，穿著吸濕排汗羽球上衣。

旁白 (年輕、活潑的語氣):
"嘿，你是不是也跟我一樣，喜歡在羽球場上耍帥？"

場景 2: 打球的動作和特寫

- 畫面: 年輕人開始揮拍、跳躍，做出一些酷炫的動作，汗水被快速排出。
- 特寫: 上衣的特寫鏡頭，展示吸濕排汗的效果。

旁白:

以下省略

要求 ChatGPT 依腳本內容整理為指定格式的分鏡表。

提示詞指令：將 腳本名稱 的內容設計成 時間長度 的影片內容，其中包括 描述，並設計為分鏡表且以表格方式呈現。

Prompt

將「腳本一」的內容設計成 90 秒的影片內容，其中包括片頭、影片前半段、影片後半段以及片尾，並設計為分鏡表且以表格方式呈現。

以下是腳本一的90秒影片分鏡表設計：

影片名稱：羽球場上的酷炫動作

片頭 (0-10秒)

時間	分鏡	內容	說明
0-2秒	黑屏轉場到羽球場	音樂: 輕快、充滿活力的背景音樂開始	影片開場引入
3-5秒	年輕人走進羽球場，穿著吸濕排汗羽球上衣	旁白: "嘿，你是不是也跟我一樣，喜歡在羽球場上耍帥？"	引入主題和目標群體

影片前半段 (11-45秒)

時間	分鏡	內容	說明
11-15秒	年輕人開始揮拍、跳躍	展示活力和動作	呈現活力感和羽球場景
16-20秒	特寫展示吸濕排汗羽球上衣	旁白: "這款吸濕排汗羽球上衣，不僅輕薄舒適，還能快速排汗，讓你時刻保持乾爽。"	展示產品特點
21-25秒	朋友們在旁邊加油喝采	朋友驚訝地說："這上衣看起來真不錯！"	增加互動和社交元素
26-30秒	年輕人在店鋪前展示吸濕排汗羽球上衣	特寫店鋪名稱和Logo	引導觀眾注意到店鋪和品牌

影片後半段 (46-80秒)

以下省略

檢視由 ChatGPT 生成的影片腳本，因為每次生成的內容不盡相同，若分鏡表中少了某個重要的欄位，可再次要求 ChatGPT 增加該欄位，例如：在分鏡表的表格內，加入時間與台詞二欄相關內容。

6W2H 分析法將想法轉換成文案

"6W2H" 分析，確保在撰寫行銷文案時考慮到所有關鍵因素，從而提高文案的清晰度和說服力。

6W2H 提升行銷文案的精準度

行銷成功的關鍵在於精準傳達訊息，6W2H 分析法提供了一個結構化的框架，將模糊的想法轉化為清晰、有力的文案，能幫助理解消費者購買行為並制定和實施相應的市場行銷策略。

6W (What, Why, Who, Whom, When, Where) 能解析產品特性、價值、目標客群及購買情境；2H (How, How much) 則闡明銷售手段及定價策略，以下以 "運動用品" 類型定義並說明 6W2H 分析法：

思考方向	思考點	思考結果
What (賣什麼)	**商品的優勢和特徵是什麼？**	功能性強、耐用性高、舒適性佳、時尚設計、多樣性產品
Why (為什麼)	**為什麼要選擇或製作這個商品？**	市場需求大、技術優勢、提升品牌價值、個性化服務
Who (誰)	**商品是誰製作的？誰提供服務？**	知名製造商、專業銷售團隊、專業設計團隊
Whom (賣給誰)	**販賣對象的顧客是什麼樣的人？**	運動愛好者、職業運動員、健康意識強的人、年輕一代
When (什麼時候)	**商品使用的時間、季節、頻率**	日常運動、比賽和訓練、季節性使用
Where (在哪裡)	**哪裡能買得到？**	實體店、網絡商城、電視購物、社群平台
How (怎麼賣)	**販賣的手段和方法？**	多渠道銷售、會員制度、聯名合作、營銷活動
How much (多少錢)	**產品定價多少？**	高端產品 (高品質、高性能，定價較高) 中端產品 (性價比高，價格適中) 入門產品 (基本款，價格較低)

打造成功的活動企劃

活動企劃是品牌與消費者互動的關鍵，透過活動，品牌可以提升知名度、促進銷售，並建立與消費者的深厚連結。

像是 Apple 每年的新品發布就是一個極具影響力的活動企劃，不僅是產品發布，更是品牌形象和市場策略的關鍵一環。透過精心設計的活動，吸引全球媒體和消費者的目光，提升產品知名度和吸引力，有效影響消費者購買決策，保持市場領先地位。

活動安排可以多元化，包括講座、工作坊、表演、競賽、展覽、遊戲...等形式。關鍵在於確保這些內容有趣且具吸引力，能夠吸引參與者目光並留下深刻印象。

非相關專業背景的人可能會覺得活動企劃難以上手，但有了 ChatGPT 的幫助，可以快速產生出色的企劃，大大簡化了這個任務，輕鬆應對這不簡單的工作！

STEP 01 完成 ChatGPT 角色定義後，要求 ChatGPT 說明活動籌備基本要素。

提示詞指令：公司想舉辦一個活動，身為 角色 的你，如果要 目標描述，需要先取得哪些資訊和準備，列項說明。

Prompt

公司想舉辦一個活動，身為企劃專家的你，如果要讓活動舉辦順利，需要先取得哪些資訊和準備，列項說明。

確保活動順利舉辦的關鍵在於充分的準備和計劃。以下是準備活動所需的主要項目和說明：

1. **活動目標和目的：**
   - 確定活動的主要目標和預期達成的目的。這可以是提升品牌知名度、推廣產品服

- 設計並執行行銷宣傳策略，包括社交媒體宣傳、電子郵件邀請、網站推廣等，吸引目標受眾的注意並促進報名或參與。

9. **設備和技術支持：**
   - 確保所需的設備和技術支持，如音響設備、投影設備、WiFi網路等，並測試確保正常運作。

10. **活動評估與反饋機制：**
    - 設計活動後的評估機制，收集參與者的反饋和意見，以便未來活動改進和效果評估。

這些項目涵蓋了活動籌備的基本要素，確保每個步驟都得到充分考慮和準備，能夠提升活動

已了解 6W2H 分析法與活動籌備的基本要素，將相對應的內容整理列項 (<Tip6_企劃案提示詞.txt>)，用以撰寫一份正式的企劃案。

提示詞指令：以下資料為此次活動相關資訊，請完整了解後，以 角度或口吻，撰寫一份 目標描述 的活動企劃案。

Prompt

以下資料為此次活動相關資訊，請完整了解後，以專業的角度，撰寫一份會讓高層滿意的活動企劃案。

1. 活動目標：推廣新產品系列，吸引顧客參與並體驗。 —— What
2. 舉辦原因：提升品牌知名度，促進銷售...等 (條例式說明此企劃重點) —— Why
3. 目標受眾：(條例式說明) —— Whom
4. 預算：$20,000 (以表格整理各項所需費用) —— How much
5. 活動日期和時間：8 月 15 日 (週六) / 下午 2 點至 5 點 —— When
6. 場地選擇和佈置：店面內、外 (條例式說明佈置方式) —— Where
7. 活動流程和議：(以表格整理) —— How
8. 嘉賓和演講者安排：(條例式說明) —— Who
9. 行銷宣傳策略：(條例式說明) —— How
10. 設備和技術支持：(條例式說明) —— How
11. 活動評估與反饋機制：(條例式說明) —— How much

活動企劃案

1. 活動目標

- 推廣新產品系列
- 吸引顧客參與並體驗

2. 舉辦原因

條例式說明企劃重點

- **提升品牌知名度**：透過活動宣傳，擴大品牌影響力。
- **促進銷售**：吸引目標客戶，增加銷售機會。
- **增強顧客互動**：創造更多與顧客互動的機會，提升顧客忠誠度。
- **吸引新客戶**：吸引潛在客戶，擴大市場份額。
- **品牌曝光**：透過媒體報導和社交媒體曝光，增加品牌知名度。

3. 目標受眾

條例式說明

- **年齡**：18-45歲
- **性別**：不限
- **職業**：學生、上班族、自由職業者
- **興趣**：時尚、科技、生活方式
- **地區**：店面所在地區及周邊

4. 預算

以表格整理各項所需費用

項目	費用
場地租賃	$3,000
設備租賃	$2,000
宣傳材料	$3,000
食品飲料	$2,500
獎品及贈品	$4,000
活動佈置	$3,000
工作人員費用	$1,500
演講者及嘉賓費用	$1,000
緊急預備金	$1,000
總計	**$20,000**

5. 活動日期和時間

- 日期：8月15日（週六）
- 時間：下午2點至5點

6. 場地選擇和佈置

- **場地選擇**：店面內、外
- **佈置方式**：

條例式說明

  - 店內設置產品展示區和體驗區，展示新產品並提供試用。
  - 店外設置迎賓區和拍照區，迎接參加者並提供拍照背景。
  - 使用品牌主題色彩和標誌進行裝飾，增強品牌識別度。
  - 擺放舒適的座椅和遮陽篷，提供休息和交流的空間。

7. 活動流程和議程

以表格整理各項所需費用

時間	項目
2:00-2:30	迎賓與註冊
2:30-3:00	新產品介紹與演示
3:00-3:30	互動遊戲與抽獎
3:30-4:00	顧客體驗與試用
4:00-4:30	嘉賓演講
4:30-5:00	自由交流與合影

8. 嘉賓和演講者安排

條例式說明

- **專業產品講師**：講解新產品特點及使用方法，增加產品可信度。
- **品牌代言人或知名博主**：分享產品使用經驗，吸引更多目光。
- **店長**：介紹品牌歷史及發展願景，增強品牌故事性。

9. 行銷宣傳策略

條例式說明

平台發布預告和活動更新，吸引粉絲參與。

10. 設備和技術支持

條例式說明

- **音響系統**：確保現場有良好的聲音效果，提升活動體驗。
- **投影設備**：展示新產品影片和演示文稿，增加視覺效果。
- **網絡支持**：提供WiFi方便參加者分享活動，增加社交媒體曝光。

11. 活動評估與反饋機制

條例式說明

- **顧客反饋表**：發放紙質或電子反饋表收集參加者的意見和建議。

設計問卷調查

延續前面的交談，讓 ChatGPT 依此活動企劃擬定問卷文案。

提示詞指令：設計一份 類型 問卷，以深入了解 主題事項。設計問卷時涵蓋以下方面的問題：問題描述。
同時，也請加入關於 問題描述，以便進行全方位的分析。問卷的問題應以 風格特徵 的方式呈現。

Prompt

設計一份 Google 表單問卷，以深入了解顧客對活動和產品的意見與需求。設計問卷時涵蓋以下方面的問題：活動滿意度、產品滿意度、改進建議...等。

同時，也請加入關於顧客性別和運動習慣...等問題，以便進行全方位的分析。問卷的問題應以清晰易懂的方式呈現。

以下是設計的 Google 表單問卷範本，旨

顧客滿意度調查問卷

基本信息

1. **性別**
   - 男
   - 女
   - 其他
   - 不願透露
2. **年齡**
   - 18歲以下
   - 18-25歲
   - 26-35歲
   - 36-45歲
   - 46歲以上
3. **運動習慣**
   - 每週運動1次或以下
   - 每週運動2-3次
   - 每週運動4-5次
   - 每週運動6次或以上

活動滿意度

4. **您對本次活動的整體滿意度如何？**
   - 非常滿意
   - 滿意
   - 一般
   - 不滿意
   - 非常不滿意
5. **您對活動流程安排的滿意度如何？**
   - 非常滿意
   - 滿意

以下省略

設計活動邀請函

延續前面的交談，讓 ChatGPT 依此活動企劃擬定活動邀請函文案。

提示詞指令：需要一份活動邀請函，請設計一份 類型描述 的邀請函，內容包括 內容描述。

Prompt

需要一份活動邀請函，請設計一份專業且吸引人的邀請函，內容包括活動名稱、時間、地點、活動內容，參加方式...等。

活動邀請函

尊敬的顧客：

我們誠摯地邀請您參加即將舉辦的**新產品系列推廣活動**。這是一個絕佳的機會，讓您率先體驗我們最新推出的產品，並與我們一同分享這個令人興奮的時刻。

活動名稱：新產品系列推廣活動

- **互動遊戲與抽獎**：3:00至3:30，...
- **顧客體驗與試用**：3:30至4:00，親自試用我們的新產品，感受其獨特魅力。
- **嘉賓演講**：4:00至4:30，特邀嘉賓將分享他們的使用經驗和心得。
- **自由交流與合影**：4:30至5:00，自由交流時間，與其他參加者互動並合影留念。

參加方式：
請您於2024年8月10日前，通過以下方式報名參加：

1. **電話報名**：撥打我們的客服熱線：123-456-7890
2. **電子郵件報名**：發送郵件至：event@company.com
3. **在線報名**：訪問我們的活動頁面：www.company.com/event

SEO 優化關鍵字找出潛在商機

當尋找新的商機時，SEO 關鍵字優化服務能夠在激烈市場中贏得先機，吸引更多潛在客群。

搜尋引擎是大家用來尋找產品最重要的工具之一，而 Google、Bing、Yahoo!、百度...等各大搜尋引擎用的演算方式，掌握有效的 SEO (Search Engine Optimization；搜索引擎優化) 策略可以提升網站在搜尋結果中的排名，從而增加品牌的曝光和網站流量。

完成 ChatGPT 角色定義後，要求 ChatGPT 提供 SEO 關鍵字。

提示詞指令：你是 SEO 行銷專家，列出 數字 個 主題描述 的關鍵字。

Prompt

你是 SEO 行銷專家，列出 10 個「運動服飾與運動鞋」的關鍵字。 

作為 SEO 行銷專家，以下是針對「運動服飾與運動鞋」的 10 個關鍵字：

1. 運動服飾推薦
2. 女生運動裝搭配
3. 男生運動鞋評價
4. 最佳運動鞋品牌
5. 運動服飾購買指南
6. 跑步鞋推薦
7. 瑜伽服選擇
8. 健身服飾品牌
9. 運動鞋折扣資訊
10. 透氣運動衣推薦

這些關鍵字能幫助提升網站在搜索引擎上的可見度，吸引對運動服飾與運動鞋有興趣的目標受眾。

使用 ChatGPT 產生的關鍵字，提供符合 SEO 結構型的產品介紹文案。

提示詞指令：撰寫一篇 主題 行銷文章，結構符合 SEO，文章上線後能讓 Google 搜尋引擎蒐錄並排名成效良好。

文案結構為：內容描述，需包含關鍵字 (字體加粗)：關鍵字描述。

Prompt

撰寫一篇本月主打產品「吸濕排汗羽球上衣」行銷文章，結構符合 SEO，文章上線後能讓 Google 搜尋引擎蒐錄並排名成效良好。

文案結構為：主標題、敘述、介紹 (列項說明)，需包含關鍵字 (字體加粗)：運動服飾推薦、女生運動裝搭配、男生運動鞋評價、運動服飾購買指南、跑步鞋推薦、運動鞋折扣資訊。

主標題：極致舒適的運動選擇——吸濕排汗羽球上衣

敘述

運動愛好者們，無論你是專業運動員還是日常運動者，都需要一款能夠保持乾爽舒適的運動上衣。本月我們強力推薦「吸濕排汗羽球上衣」，不僅在設計和功能上出類拔萃，更能滿足你對高品質運動服飾的需求。這款上衣是你購物清單中的**運動服飾推薦**之一。

介紹

1. 吸濕排汗技術

- **快速乾燥**：先進的吸濕排汗技術，迅速吸收並排出汗水，讓你在運動過程中保持乾爽舒適。
- **高效透氣**：特別設計的透氣材質，提升空氣流通，有效防止悶熱，提升運動舒適感。

2. 高性能材質

- **輕盈舒適**：採用輕質材料，減少衣物重量，提供自由無拘的運動體驗，是**女生運動裝搭配**的完美選擇。
- **耐用耐洗**：優質布料經得起多次洗滌，保持長久如新，符合**運動服飾購買指南**中的標準。

3. 人體工學設計

- **貼合剪裁**：根據人體工學設計的剪裁，完美貼合身形，增加靈活性和舒適度。
- **多樣尺寸**：提供多種尺寸選擇，滿足不同體型需求，讓每位運動者都能找到最適合的款式。

4. 完美搭配

- **多功能運動鞋**：這款上衣與**男生運動鞋評價**中的高性能鞋款完美搭配，提升整體運動表現。
- **跑步鞋推薦**：無論是跑步還是健身，都能搭配市場上的熱門**跑步鞋推薦**，提供全面保護。

5. 優惠資訊

- **運動鞋折扣資訊**：我們經常提供運動鞋折扣資訊，讓你以更優惠的價格獲得最好的運動裝備，提升性價比。

這款「吸濕排汗羽球上衣」是每位運動愛好者的理想選擇，無論是日常訓練還是專業比

使用 ChatGPT 產生的關鍵字，列出符合 SEO 結構型的產品行銷文案。

提示詞指令：撰寫 主題 行銷文案，結構符合 SEO，提供標題與文案，文案分成二個段落分別控制在 數字 字以內。

第一段用 關鍵字描述 開頭，第二段則需包含關鍵字：關鍵字描述。

Prompt

撰寫本月主打產品「吸濕排汗羽球上衣」行銷文案，結構符合 SEO，提供標題與文案，文案分成二個段落分別控制在 100 字以內。

第一段用關鍵字「運動服飾推薦」開頭。

第二段需包含關鍵字：女生運動裝搭配、男生運動鞋評價、運動服飾購買指南、跑步鞋推薦、運動鞋折扣資訊。

吸濕排汗羽球上衣——最佳運動服飾推薦

運動服飾推薦：吸濕排汗羽球上衣以先進技術打造，迅速吸收並排出汗水，保持運動中的乾爽與舒適。這款上衣輕盈透氣，無論是跑步、健身還是羽毛球運動，都能提供極致的穿著體驗，提升你的運動表現。

這款上衣適合各種**女生運動裝搭配**，同時也能與根據**男生運動鞋評價**選擇的鞋款完美搭配。參考**運動服飾購買指南**，這款上衣絕對是你的理想選擇。配合最新的**跑步鞋推薦**和**運動鞋折扣資訊**，讓你以最優惠的價格獲得最佳運動裝備。

AI 市場調研，洞悉競爭對手

透過 AI 市場調研，精確分析競爭對手動態，挖掘市場趨勢，為行銷策略提供深入洞察，助力企業在競爭中脫穎而出。

市場概況分析

市場概況分析旨在了解市場的現狀、增長趨勢、各子領域的規模、和地區分佈。這有助於識別市場機會和需求，並了解競爭態勢，為企業制定市場策略。

完成 ChatGPT 角色定義後，要求 ChatGPT 為指定行業分析市場需求與趨勢。

提示詞指令：針對 行業名稱 行業，提供市場報告，包括 相關分析與事項 ...等見解。

Prompt

針對運動用品行業，提供市場報告，包括整體現況與趨勢、顧客需求、技術創新、前景預測、競爭分析、結論與建議...等見解。

運動用品行業市場報告

1. 整體現況與趨勢

市場規模與增長：

運動用品市場在全球範圍內持續增長，預計2023年的市場規模達到約3000億美元，並預計在未來五年內以每年約5%的速度增長。這一增長主要受到健康與健身意識增強、運動相關活動增多及休閒運動需求增長的推動。

主要趨勢：

1. **數位化與電子商務**：越來越多的消費者通過線上平台購買運動用品，推動電子商務的發展。
2. **健康與健身風潮**：隨著健康意識的提升，健身房會員數量增加，家庭健身器材需求增長。

以下省略

針對指定產品，要求 ChatGPT 為其分析市場概況並給予結論說明。
提示詞指令：分析 產品名稱 在市場中的規模和增長趨勢？

Prompt

分析運動鞋、運動服裝和運動配件在市場中的規模和增長趨勢？

運動鞋、運動服裝和運動配件市場分析

1. 運動鞋市場

市場規模：
運動鞋市場是運動用品行業中最大的細分市場之一。2023年全球運動鞋市場規模約為850億美元，預計到2028年將增長至超過1000億美元，年均增長率（CAGR）約為4.5%。

增長驅動因素：

1. **健康與健身趨勢**：隨著健身意識的提升，越來越多的人參與跑步、健身等活動，推動運動鞋需求增長。
2. **時尚與休閒需求**：運動鞋不僅在運動場景中受歡迎，還逐漸成為日常穿著的時尚單品。
3. **技術創新**：新材料和新技術的應用，如增強舒適性的緩震技術、透氣材料等，提升了

市場規模：
運動服裝市場在2023年約為1700億美元，預計到2028年將達到約2200億美元，年均增長率約為5.2%。

增長驅動因素：

1. **健身與運動風潮**：更多的人參與健身運動，如瑜伽、健身房鍛煉等，增加了對運動服裝的需求。
2. **休閒運動風格**：運動服裝逐漸融入日常生活，成為休閒服裝的一部分。
3. **女性市場**：女性消費者對運動服裝的需求不斷增長，成為市場的重要驅動力。

主要趨勢：

- **功能性材料**：具有排汗、抗菌、抗UV等功能的材料受歡迎。

以下省略

競爭對手分析

分析評估市場中的主要競爭者，包括他們的市場份額、產品、服務、定位及優勢，幫助企業了解競爭環境並制定策略。

延續前面的交談，針對指定產品，要求 ChatGPT 分析競爭對手。
提示詞指令：以 產品名稱 為例，分析競爭對手。

Prompt

以「吸濕排汗羽球上衣」為例，分析競爭對手。

吸濕排汗羽球上衣市場競爭分析

1. 主要競爭對手

在吸濕排汗羽球上衣市場中，有幾個主要品牌具備較高的市場份額和知名度，包括：

1. **Yonex**：
    - **產品優勢**：Yonex的羽球服裝以高品質和先進技術著稱，其吸濕排汗材料能迅速排除汗水，保持運動員的乾爽和舒適。
    - **品牌影響力**：作為羽球領域的領導品牌，Yonex擁有強大的品牌忠誠度和認知度。
    - **市場定位**：定位高端市場，針對專業運動員和高階愛好者。

2. 競爭策略分析

產品差異化：

1. **技術創新**：各品牌均致力於技術創新，以提升吸濕排汗性能和舒適度。Yonex和Victor強調其專業性和技術優勢，而Adidas則強調其在其他運動服裝領域的技術應用。
2. **設計與美學**：品牌在設計上投入大量資源，推出不同風格和色彩的羽球上衣，以吸引年輕消費者和女性市場。Li-Ning和Adidas在這方面尤為突出。

市場營銷：

1. **品牌代言**：各品牌通過與頂尖羽球運動員合作，提升品牌形象和市場影響力。例如，Yonex贊助了多名世界冠軍，Li-Ning和Victor也有多名著名選手代言。
2. **社交媒體與數位行銷**：各品牌利用社交媒體平台進行廣泛的數位行銷活動，與消費者

提高產品競爭力：

- **技術研發**：持續投入研發，提升吸濕排汗技術，並結合智能穿戴技術，提高產品附加值。
- **品牌差異化**：強調品牌獨特性，通過設計和功能的創新，樹立品牌形象。

市場擴展：

- **國際化戰略**：擴展至新興市場，如東南亞和南美，利用當地羽球熱潮，擴大市場份額。
- **數位營銷**：加強在社交媒體和電商平台的營銷，增強與消費者的互動。

以下省略

針對競品中最具代表性的品牌，要求 ChatGPT 做競品分析，以提供全面的市場洞察和建議。

提示詞指令：請做競品分析，分析在 地區名稱 地區，"品牌名稱" 和 "品牌名稱" 各自的優劣、服務以及市場定位，整理為表格並用一段結論說明。

Prompt

請做競品分析，分析在亞洲區，"迪卡儂" 和 "摩曼頓運動" 用品店各自的優劣、服務以及市場定位，整理為表格並用一段結論說明。

競品分析：亞洲區迪卡儂與摩曼頓運動用品店

指標	迪卡儂（Decathlon）	摩曼頓（Mizuno）
優勢	- 高性價比產品 - 產品多樣性 - 自有品牌控制成本與品質	- 高品牌信譽 - 專業運動產品 - 技術創新
劣勢	- 品牌認知度較低 - 高端市場影響力有限	- 產品價格較高 - 產品範圍較窄
服務	- 體驗店模式 - 線上線下整合（O2O服務）	- 專業運動指導 - 會員計劃和忠誠度計劃
市場定位	- 針對大眾市場，特別是中低端消費者 - 家庭與休閒運動產品	- 針對中高端市場 - 專業運動用品，專注於特定運動領域

結論

迪卡儂（Decathlon）和摩曼頓（Mizuno）在亞洲區運動用品市場中各有其獨特的優勢和市場定位。迪卡儂以高性價比和產品多樣性為核心競爭力，專注於大眾市場，特別是價格敏感型和家庭休閒運動需求的消費者。其體驗店模式和線上線下整合服務進一步提升了顧客購物體驗。摩曼頓則以品牌信譽

以下省略

Part 03

AI 圖像
提升視覺行銷效果

不論是電商平台還是實體店面，越來越多品牌商家使用 AI 生成高品質圖像，提升行銷效果。AI 圖像具有高效率、低成本、個人化...等多項優勢，不僅簡化了設計過程，還能為品牌打造專屬形象與視覺風格。透過運用如 Microsoft Designer 和 DALL·E 3 生成圖像，創造出令人印象深刻的市場競爭力。

視覺化構想快速成形

AI 圖像生成工具大幅提升設計效率，無須熟悉複雜的繪圖軟體，只要輸入提示詞，即可生成各式各樣的圖像和風格。

AI 圖像：行銷設計新助力

- **靈感無限**：運用 AI 圖像生成工具套用設計思維，能生成各式視覺圖像，為創作提供靈感，例如廣告設計、品牌包裝、社群貼圖...等。雖能生成高品質圖像，最終仍需自行將作品細節調整，完善視覺效果。
- **風格搭配**：各式風格與元素搭配，需確保生成圖像的設計主題和品牌形象一致，增強作品吸引力和表達準確性，透過與設計團隊或客戶達成良好溝通，實現最佳效果。
- **素材多樣**：AI 工具可生成多樣化的設計素材，極大的簡化設計過程中蒐集素材的時間。但需注意版權和使用權限。確保素材來源並遵守相關規範，以避免法律風險。

AI 圖像生成的商業使用規範

- **法律風險與版權保障**：AI 生圖模型是透過大量現有藝術作品、風格...等數據進行訓練，可能使用未經授權的圖像生成作品，因此難以判斷生成作品是否侵權。雖然 AI 生圖的道德與法律規範模糊且複雜，但使用者應參考肖像權、智慧財產權...等相關法律，避免使用 AI 工具時侵犯他人權益。
- **商業應用**：應用 AI 工具生成廠商提案與開發示意圖時，需明確標示 AI 工具生成的部分。在最終設計定案前，需確認是否需要使用傳統圖像繪製工具如 Photoshop、Illustrator...等重新繪製圖像。行銷推廣中，若使用 AI 生成的內容，也應告知消費者，以維護品牌的信譽和透明度。

探索 AI 圖像生成工具

各種 AI 圖像生成工具近年來如雨後春筍般陸續出現，為各行各業提供了前所未有的創意支援方式，以下列舉幾個備受推崇的 AI 圖像生成工具：

■ Microsoft Designer

完全免費的網頁版 AI 圖像生成工具，中文介面，支援中、英文提示詞生成圖像，使用 DALL·E 3 模型。該工具具備獨立介面，只需輸入簡單的提示詞即可生成圖像，還可以為圖像加上文字，是設計工作的一大助力。對於提示詞的使用有嚴謹的規範，禁止使用有關暴力、妨礙兒童身心健康...等提示詞。

■ DALL·E 3

付費版 ChatGPT 用戶才能完整使用的功能，支援中、英文提示詞生成圖像。結合 ChatGPT 介面生成圖像，使用自然通順的語句即可生成圖像，操作簡單，並且有編輯功能可以使圖像更符合使用需求。生成的圖像品質與 Microsoft Designer 差別不大，也可以在圖像加上英文字，但圖像編輯功能和以圖生圖功能都讓 DALL·E 3 有更靈活、更廣泛的運用。

■ Midjourney

付費 AI 圖像生成工具，英文介面，需使用英文提示詞生成圖像。使用深度學習技術來生成圖像，強調創意和藝術表現，圖像質量高，生成圖像風格獨特具創意與藝術性。適合專業藝術創作和設計。透過 Discord 平台進行操作，介面和指令需要適應。

■ Leonardo AI

提供用戶每日免費使用額度，英文介面，介面專業，功能強大，需使用英文提示詞生成圖像。圖像質量高，支持細緻的設計調整，滿足各種複雜的設計需求，適合專業設計和工程師使用。

掌握 AI 圖像生成的關鍵

"精準的提問" 是 AI 圖像生成的關鍵第一步，了解提示詞限制和提問技巧，能有效提升圖像質量與創作效率。

提示詞限制

不同的 AI 圖像生成工具，對提示詞使用有不同限制，例如：藝術家名字、藝術風格、公眾人物、血腥、色情...等相關詞彙，都有可能被限制使用。

提示詞技巧

- **挑選合適工具**：於各 AI 圖像生成工具中使用同樣的提示詞，生成的圖像風格、色調...等均會不同，可依據喜好挑選適合的 AI 圖像生成工具使用。
- **生成隨機性**：AI 生成的內容具有隨機性，即使輸入完全相同的提示詞，每次生成的圖像也會有所不同。這種不可預測的特性雖可能導致結果不符預期，卻更能激發創意與驚喜。
- **儲存提示詞組合**：AI 圖像生成工具透過文字建立風格，有時突發奇想的提示詞組合能建立獨特新風格。例如：使用「蒸汽龐克」、「黑白攝影」這樣的組合，可能會生成充滿創意的圖像。將這些提示詞組合儲存，方便下次生成相同風格的圖像。
- **關鍵詞說三遍**：如果關鍵元素沒有出現在生成圖像中，輸入提示詞時，可以多次輸入關鍵字詞，或將該關鍵詞提列於提示詞第一句，也可放置引號 " 於關鍵詞前後。
- **利用 ChatGPT 協助生成提示詞**：看到喜歡的風格、圖案，可以上傳相關圖像檔，請 ChatGPT 分析圖像組成的視覺元素，生成完整提示詞。

小提示

避免抄襲、模仿提示詞

AI 圖像皆由提示詞下達指令生成，許多人會創作特定提示詞組合生成獨特風格，因此使用他人創作提示詞生成的圖像，可能造成抄襲爭議，對品牌造成負面影響，使用時需謹慎。

商業設計常用提示詞

Logo 圖案

- **紋飾風格**：波斯花紋、敦煌壁畫、埃及壁畫、禪繞畫、希臘花紋。

配色

- **色系**：低彩度、高彩度、互補、黑白、單色、冷色、暖色。
- **風格**：霓虹、雷射、復古、神秘、清爽、自然、漸層、夢幻、賽博龐克。

吉祥物形象

- **物種**：人物、兔子、貓、外星人、精靈、人魚、幽靈、機器人、植物。
- **表情動作**：歡喜、憤怒、 哀傷、驕傲、嚴肅、憂鬱、舞、舉手、飛行。
- **服裝**：主廚服、芭蕾舞裙、運動服、休閒服、時尚、制服、禮服、西裝。
- **風格**：Q 版、日本動漫、美國漫畫、卡通、寫實、簡約、奇幻、科幻。

商品設計圖

- **角度**：三視圖、正面、背面、側面。
- **材質**：珍珠、鑽石、玻璃、石膏、木材、石材、絲綢、毛皮、陶瓷。
- **風格**：現代風、簡約風、復古風、古典風、包浩斯風格、未來科技風。

商業攝影

- **光線**：戲劇光、柔光、順光、側光、逆光、自然光、人造光、窗外光。
- **取景**：遠景、特寫、前景、中景、近景、特寫、微觀。
- **角度**：平視、頂視、鳥瞰、仰視。

視覺風格

- **藝術家風格**：莫內、米開朗基羅、梵谷、達利、安迪沃荷、草間彌生。
- **藝術流派**：塗鴉、浮世繪、印象派、超現實、野獸派、抽象、普普。
- **媒材**：水彩、油畫、水墨、壓克力、色鉛筆、粉彩筆、版畫、素描鉛筆。
- **透視**：等距透視、單點透視、多點透視、仰角、俯角。

零門檻的 Microsoft Designer 圖像生成工具

Microsoft Designer 操作簡單直觀且功能多樣，在進行主題式生成示範前，先介紹其優勢、介面、基本操作及圖像管理方式。

Microsoft Designer 是微軟開發的免費 AI 圖像生成工具，支援中、英文提示詞。可以輕鬆生成各式設計，如廣告、海報、邀請卡、社群貼圖、icon 圖示...等，讓創作變得更加簡便和高效。

應用優勢

- **完全免費**：所有功能皆無須付費。
- **編輯功能**：生成的圖像可使用編輯工具微調，靈活變更圖像中部分設計。
- **語言混用**：可以利用不同語言的提示詞生成圖像。
- **精美範本**：提供高品質的範本構想和提示詞，方便生成風格相似的圖像。

生成限制

- **單次生成**：不能以提示詞修改已生成的圖像，只能再次輸入或修改原有提示詞重新生成另外一組圖像。
- **尺寸限制**：1024 x 1024 像素、1792 x 1024 像素、1024 x 1792 像素。
- **內容限制**：不能使用暴力、犯罪、血腥、色情、兒童不宜...等相關提示詞生成圖像。
- **快速建立圖像點數**：Microsoft Designer 提供加速圖像生成點數，每日自動補足 15 點，每生成一次圖像會消耗 1 點。點數消耗完，圖像生成速度會些微變慢，但依然可以生成圖像。

註冊帳號

於瀏覽器網址列輸入：「https://designer.microsoft.com/」進入 Microsoft Designer 首頁，畫面右上角選按 **登入** 鈕。

STEP 02

以 Microsoft 帳號登入；若無 Microsoft 帳號則選按 **建立一個帳戶** 並依步驟完成帳號申請與登入後，即回到首頁。

進入 "建立影像" 畫面

於首頁 **使用 AI 建立** 選按 **影像**，開啟 **建立影像** 畫面。

建立影像 畫面中主要為提示詞輸入列與相關設定，下方又分為 **探索構想** 與 **我的作品** 二大標籤：

探索構想：各式範本 (圖像風格及提示詞)

我的作品：該帳號生成的創作圖像

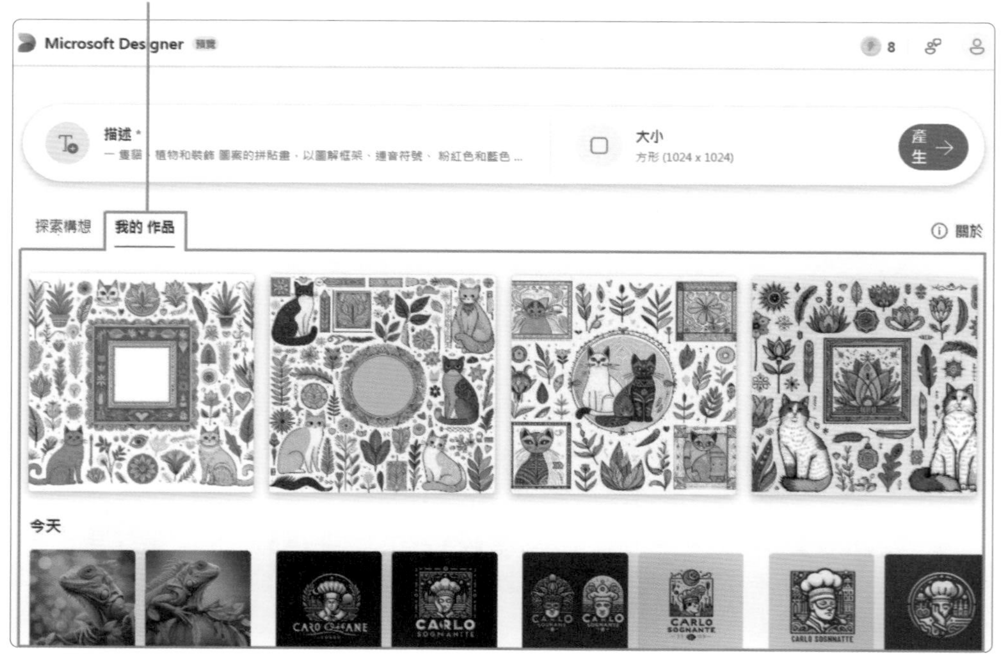

輸入提示詞、選擇圖像尺寸

於 **建立影像** 畫面，選按 **描述**，輸入提示詞，再選按右側 **大小**，選擇圖像尺寸後，選按 **產生** 鈕 (或 **Generate** 鈕)。

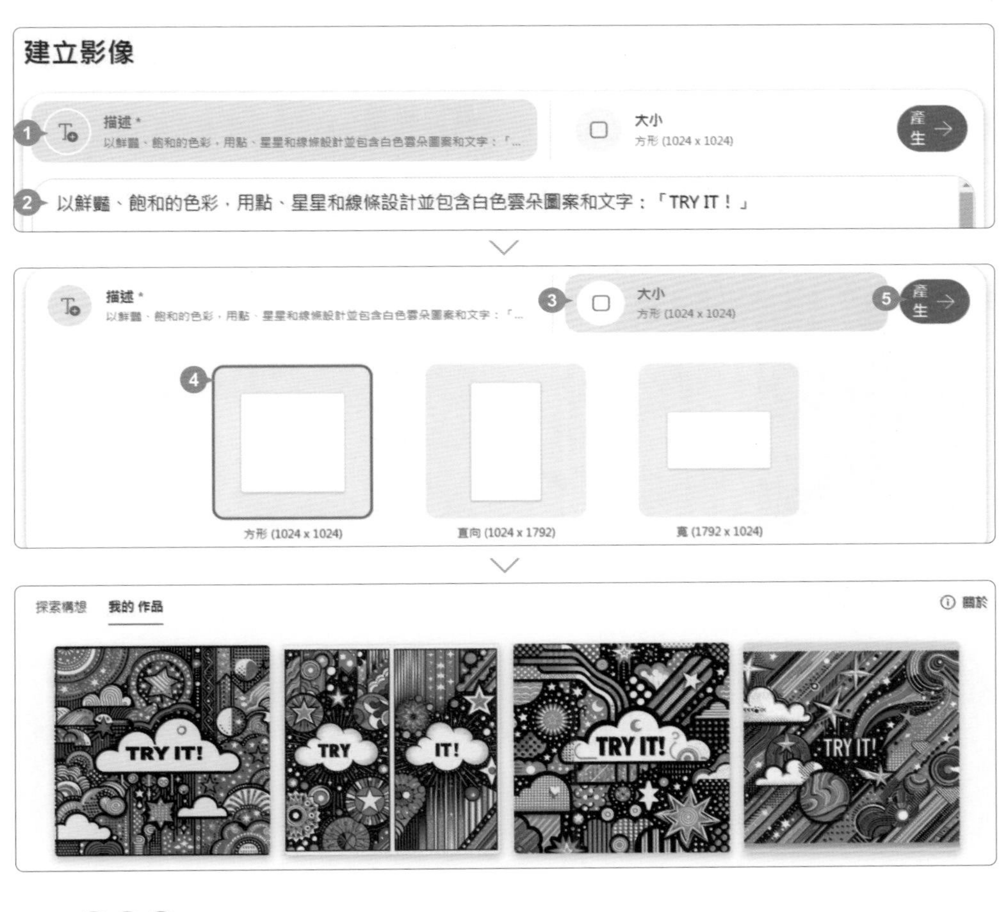

小提示

隨機範例提示詞

於 **描述** 提示詞輸入列左下角選按 **試用範例**，會隨機出現提示詞範例。再於提示詞中的填充格輸入關鍵字，或是選按 **編輯整個提示** 調整整段提示詞。

穿著淺紫淺藍色以及太空人風格面具、3d 模型、可愛且

試用範例

A minimal collage artwork featuring fashionable clothe saturated colors arranged in a circle on

編輯整個提示 共用

套用範本：變更填充提示詞

STEP 01 於 **建立影像** 畫面中的 **探索構想** 標籤，選按欲參考的範本圖像 (滑鼠指標移至上方會出現提示詞)。

STEP 02 **描述** 欄位即出現該圖像提示詞，可於填充格輸入合適的關鍵字，選按 **大小** 設定尺寸，再選按 **產生** 鈕 (或 **Generate** 鈕) 生成風格相似圖像。

下載、傳送至手機

STEP 01 於 **建立影像** 畫面 **我的作品** 標籤，將滑鼠指標移至欲下載的圖像上，右上角選按 ⤓，即會以 jpeg 檔案格式下載至電腦。

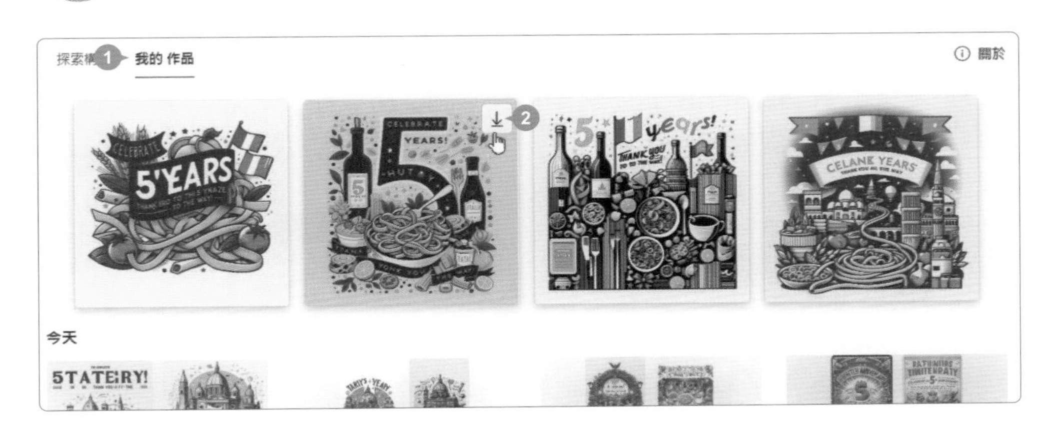

STEP 02 選按圖像放大檢視，選按 **下載** 鈕 \ **傳送至手機**，會生成一組 QR code，利用手機相機掃描此 QR code，再依手機畫面上的提示完成下載。

管理生成的圖像與專案

Microsoft Designer 藉由 **影像** 生成的圖像會自動儲存並列項於 **我的專案 \ 產生的影像** 標籤；若有開啟圖像的 **編輯** 功能或使用 **影像** 以外的其他類型生成圖像，均會轉換為專案，儲存並列項於 **我的專案 \ 最近的專案** 標籤。

STEP 01 首頁選按 **我的專案** 進入專案管理畫面。可看到 **最近的專案** 與 **產生的影像** 二個標籤。

STEP 02 將滑鼠指標移至欲刪除的圖像上，右上角選按 ⋯ \ **刪除**，即可刪除；若要編輯圖像，選按圖像後，再選按 **編輯** 鈕即開啟編輯畫面。

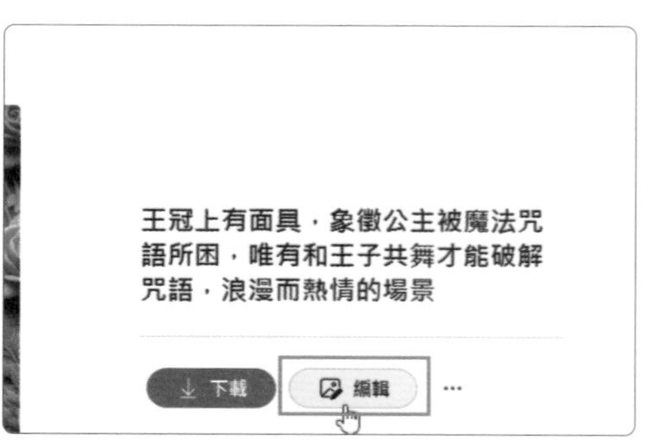

社群媒體宣傳梗圖

Designer 搭配 ChatGPT 生成時下最流行的梗圖，為品牌發想專屬的社交媒體宣傳圖片，有趣又吸睛。

關於梗圖與迷因

網路社群發達的時代，"迷因" (Meme) 是社群媒體間對文化、生活、意識形態...等的各種想法，"梗圖" 是 "迷因" 的圖像表現形式，利用圖像結合文字傳遞訊息，成為社群用戶間的一種溝通方式。帶有詼諧口吻的諷刺、逗趣的挪用...等，使梗圖別具魅力。

梗圖的特色與行銷優勢

- **趣味性**：反差、無厘頭、幽默感，是梗圖必備條件，讓人會心一笑。
- **流行話題**：流行話題的梗圖容易吸引特定族群，有助於交流。常會使用的題材有運動賽事、電影、新聞…等。
- **高傳播度**：梗圖源於網路社群傳播，形成用戶間的對話模式；符合日常使用情境或時事的梗圖會有較高的傳播度。
- **易於模仿**：易於移植：換字不換圖，這種流行於社群間的梗圖用法是最常見地，熱門梗圖圖像搭配應景的文字內容，可以化身另一種情境。
- **品牌宣傳**：讓商品宣傳、活動宣傳在社交媒體上有更高的曝光度，同時也以幽默的方式產生情感連結，貼近消費者。

透過設計思維找尋梗圖關鍵詞

以宣傳目標做為發想，配合熱門話題、情緒共鳴...等，提升宣傳效果。

- **宣傳產品**：以宣傳的商品、服務、活動...等，作為梗圖的主題，使宣傳內容一目瞭然。
- **熱門話題**：以新聞、節慶...等內容延伸創作，會在社群有較高的討論度，宣傳內容配合熱門話題也能得到更好的傳播。
- **引起共鳴**：明確定義梗圖的性質，例如：搞笑、諷刺、情緒...等，容易創造記憶點。
- **品牌視覺**：品牌的宣傳梗圖配合品牌視覺元素，讓消費者對品牌形象有更好的連接。

小提示

創作梗圖注意事項

- **二次創作**：因梗圖的易模仿性和交流目的，許多人在創作時容易忽略圖像使用的版權問題，雖然許多圖像被廣泛地利用，並不代表該梗圖中的角色形象沒有使用限制。提示詞中不提及有版權的角色，也必須確認生成的圖像中角色來源及使用規範，以免牽扯法律問題。
- **肖像權**：政治人物、明星...等公眾人物經常是新聞的主角，梗圖創作主題也經常圍繞著他們。在創作人物梗圖時，要注意肖像權、誹謗...等法律問題。
- **涉及道德、種族問題**："地獄梗圖" 是一種常見的梗圖創作類型，將死亡、暴力、戰爭...等主題，用荒誕、諷刺的方式呈現。品牌在行銷宣傳需避免採用此類型梗圖，避免引起社會爭議和輿論。

用 ChatGPT 挖掘社群熱門迷因

以宣傳產品為對象，用 ChatGPT 找尋相關社群熱門迷因，更貼近流行話題。

提示詞指令：請列出最近在 社群平台 上的熱門話題，有關 "宣傳產品" 的迷因。

Prompt

請列出最近在 Instagram 上的熱門話題，有關 "特殊口味義大利麵挑戰" 的迷因。

已搜尋 6 個網站

最近在 Instagram 上，"特殊口味義大利麵挑戰" 的迷因引起了廣泛的關注和分享。以下是一些熱門的迷因話題：

1. **特殊口味義大利麵挑戰**：許多人創造了各種奇怪或搞笑的義大利麵搭配，並拍攝影片分享自己的試吃反應。這些影片通常以搞笑和誇張的表情來吸引觀眾，增加挑戰的趣味性 (Sked Social) (NapoleonCat)。
2. **"All That Work" 音頻趨勢**：這個迷因使用一段音頻來強調在一些努力後得到的結果不如預期，通常會搭配一些搞笑或無奈的情境，比如試吃完怪異口味的義大利麵後的反應 (Dash Hudson)。
3. 小鼠小提琴迷因：這個迷因利用一張小老鼠拉小提琴的圖片，搭配一些無奈或無法改變

以下省略

用 ChatGPT 結合熱門迷因和活動內容生成提示詞

接續對話，選出合適的熱門迷因與宣傳活動主題結合，請 ChatGPT 生成一段梗圖提示詞：

提示詞指令：參考上述 " 熱門話題 "，撰寫一段提示詞，用來生成梗圖，工具使用 AI 圖像生成工具，主題是 " 主題描述 "

Prompt

參考上述 "特殊口味義大利麵挑戰"，撰寫一段提示詞，用來生成梗圖，工具使用 Microsoft Designer，主題是 "敢挑戰我們的臭魚罐頭義大利麵嗎？"

以下是適用於 Microsoft Designer 的提示詞，用來生成 "敢挑戰我們的臭魚罐頭義大利麵嗎？" 梗圖：

標題：**敢挑戰我們的臭魚罐頭義大利麵嗎？**

背景圖像：展示一碗義大利麵，上面放著臭魚罐頭，背景應該是色彩鮮豔的廚房場景，增添幽默感。

主要圖像元素：一個人捏著鼻子、皺著眉頭試圖吃下臭魚罐頭義大利麵，旁邊有另一個人捧腹大笑。

文字描述：

- **上方大字**：敢挑戰我們的
- **中間突出**：臭魚罐頭義大利麵
- **下方小字**：敢吃完，我們請你下一餐！

顏色：使用鮮豔且對比度高的顏色，例如紅色、黃色和綠色，以吸引注意力。

字體：粗體、卡通風格的字體，使整體感覺更有趣和輕鬆。

生成提示詞後，可依生成內容修改文字描述，增減關鍵元素，調整成更符合需求的提示詞。

提示詞生成梗圖

完成提示詞的調整後，複製、貼上於 Microsoft Designer **影像** 的 **描述** 欄位，設定圖像尺寸後，選按 **產生** 鈕 (或 **Generate** 鈕)。

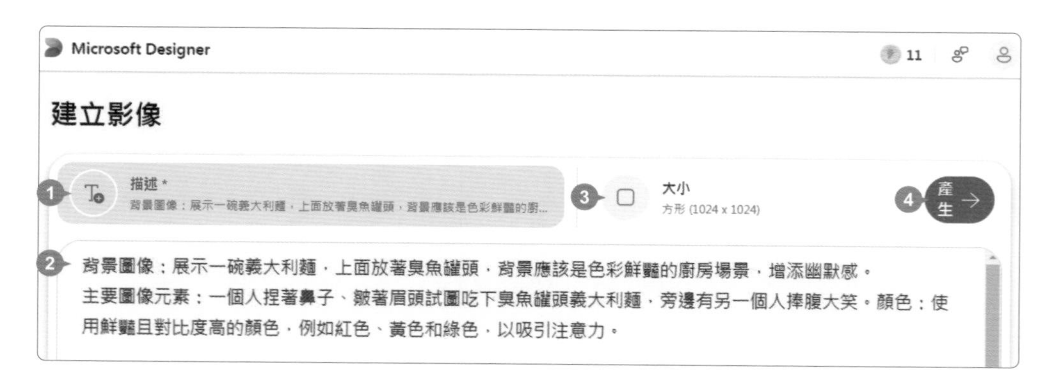

會生成四張圖像。生成圖像後，若對結果不甚滿意，可以依視覺效果調整提示詞，增減條件，重新生成另一組圖像。

STEP 03 分別選按圖像放大檢視，查看細節。若滿意生成的圖像效果，可將圖像下載回本機儲存。 (參考 P3-11 操作說明)

STEP 04 選按 **編輯** 開啟編輯畫面，可為圖像加上特效、文字...等相關元素，完成一張完整的梗圖。

品牌形象 Logo

Designer 搭配 ChatGPT，精準將品牌精神轉換成 Logo 視覺化描述，從而生成品牌專屬識別 Logo 圖像。

品牌 Logo 不僅能建立消費者對品牌的視覺印象，還能傳遞品牌精神，讓顧客產生共鳴。先以 ChatGPT 生成提示詞再至 Microsoft Designer 生成圖像，提升設計效率，將抽象的品牌精神視覺化，同時也發想出有趣視覺元素，既可以抓住消費者眼球，也能提升品牌識別度。

透過設計思維找尋品牌 Logo 關鍵詞

以設計思維，系統化找尋品牌關鍵詞，能夠獲得更確切的提示詞，生成的圖像也會更接近需求。

■ **依品牌形象找尋關鍵詞**：

- **企業屬性**：行業分類，例如：製造業、服務業、餐飲業...等。
- **品牌故事**：品牌歷史、重大事件、能夠與消費者情感共鳴...等。
- **品牌精神**：品牌目標、口號...等。
- **核心價值**：品牌價值觀、社會責任...等。
- **文化內涵**：品牌文化背景及其傳統、民俗與節慶的象徵意義...等。

■ **依視覺元素找尋關鍵詞**：

- **圖形和符號**：品牌常用的圖形和符號，例如：趣味元素、獨特的角色或形象、招牌商品...等。
- **風格**：代表品牌的視覺風格，例如：極簡、現代、優雅...等，以及媒材質感的考量。
- **顏色色調**：代表品牌的主色調，例如藍色代表信任和穩重，紅色代表熱情和能量。

結合品牌精神運用 ChatGPT 生成 Logo 提示詞

使用 ChatGPT 生成 Logo 提示詞，不僅更吻合品牌精神，還能快速嘗試各種提示詞組合，產生多種素材。

列出品牌關鍵詞後，定義設計師角色，並將作品訴求以及 Logo 設計的關鍵元素，例如：品牌精神、品牌價值...等結合，請 ChatGPT 生成提示詞：

提示詞指令：你是一名視覺設計師，需要設計 Logo 圖像，工具使用 AI 圖像生成工具，以 "設計 Logo 圖示：" 開頭，生成一段 數字 字 語系 提示詞，設計思維如下：關鍵元素描述。

Prompt

你是一名視覺設計師，需要設計 Logo 圖像，工具使用 Microsoft Designer，以 "設計 Logo 圖示：" 開頭，生成一段 100 字繁體中文提示詞，設計思維如下：

品牌名稱：Carlo Sognante，使用手寫字體

文化內涵：義大利威尼斯嘉年華風格

象徵符號：發呆的廚師

顏色色調：金色和銀色、簡約色塊風格

設計 Logo 圖示：品牌名稱為 "Carlo Sognante"，採用手寫字體，融入義大利威尼斯嘉年華的文化內涵。圖像象徵一位發呆的廚師，整體設計以金色和銀色為主，運用簡約色塊風格，展現高雅和獨特的品牌形象。

生成提示詞後，可依生成內容修改文字描述，增減關鍵元素，調整成更符合需求的提示詞。

生成 Logo 圖像

完成提示詞的調整後，複製、貼上於 Microsoft Designer **影像** 的 **描述** 欄位，設定圖像尺寸後，選按 **產生** 鈕 (或 **Generate** 鈕)。

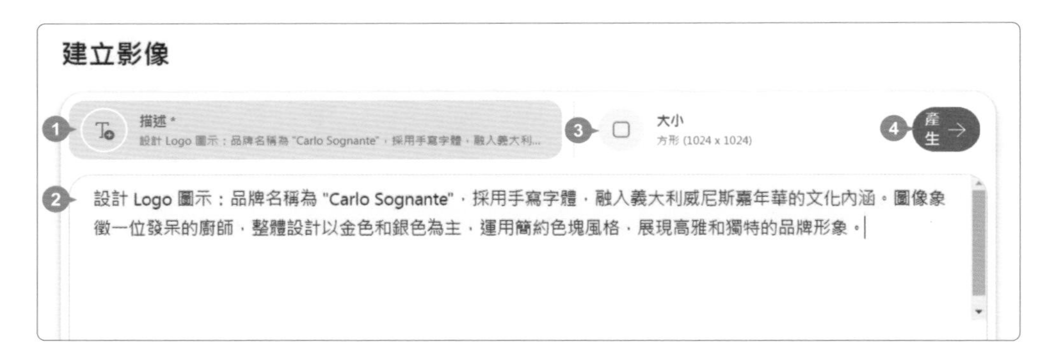

STEP 02 會生成四張圖像。生成圖像後，若對結果不甚滿意，可以依視覺效果調整提示詞，增減條件，重新生成另一組圖像。

分別選按圖像放大檢視，查看細節。若滿意生成的圖像效果，可將圖像下載回本機儲存。(參考 P3-11 操作說明)

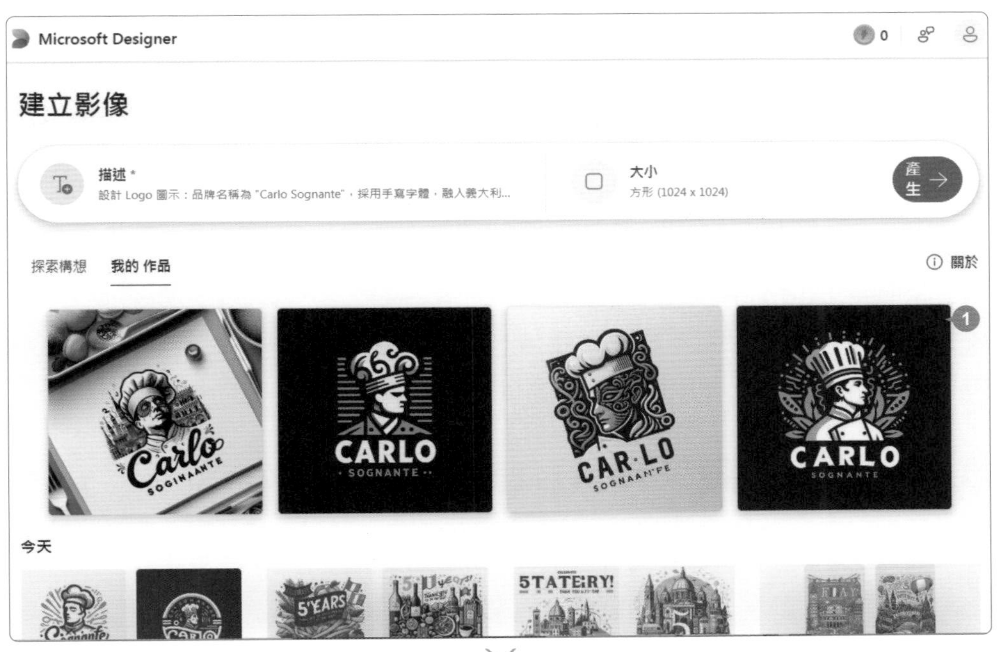

發想品牌專屬吉祥物

Designer 搭配 ChatGPT 生成提示詞，並創造富有獨特形象及意義的吉祥物，提升品牌辨識度和消費者好感度。

吉祥物就像是品牌代言人，是拉近企業與消費者之間關係的橋梁。品牌吉祥物常常是一個重要的媒介，可以讓消費者和社會大眾更快地了解品牌。如果說品牌 Logo 是臉，那吉祥物就像是雙手一樣，緊握著消費者的手，與其產生情感共鳴。

透過設計思維找尋品牌吉祥物關鍵詞

以設計思維找尋關鍵詞，能生成更吻合品牌形象的提示詞，使得吉祥物的外觀更符合品牌需求。

- **形象連結**：以品牌相關象徵，選擇外觀原型。品牌名稱、品牌精神、主打產品、代表或創始人物、主要理念和使命、象徵符號...等。
- **風格元素**：與品牌的文化內涵、顏色和整體風格統一，以維持品牌形象的一致性。例如：日式卡通風、簡約幾何風、美式漫畫風...等。
- **擬人形象與目標受眾**：透過性格、外型、動作...等元素，塑造擬人形象，同時分析目標受眾的特徵、需求、語言和價值觀，找尋能引起共鳴的關鍵詞。

結合品牌形象運用 ChatGPT 生成吉祥物提示詞

使用 ChatGPT 生成吉祥物提示詞，不僅可以貼近品牌形象，還能更立體的描繪角色形象，生成虛擬品牌代言人。

列出品牌形象關鍵詞後，定義設計師角色，並將作品訴求以及吉祥物設計的關鍵元素：形象連結、風格元素、擬人形象...等結合，請 ChatGPT 生成提示詞：

提示詞指令：你是一名設計師，需要生成吉祥物外觀，工具使用 AI 圖像生成工具，生成一段 數字 字 語系 提示詞，設計思維如下：關鍵元素描述。

Prompt

你是一名設計師，需要生成吉祥物外觀，工具使用 Microsoft Designer，生成一段 100 字繁體中文提示詞，設計思維如下：

形象連結：以公司名稱 Carlo Sognante (發呆的卡洛) 作為吉祥物形象發想，全身的人物形象。

風格元素：歐式插畫，金色、銀色、黑色為主要色調。

擬人形象：富有想像力的跳脫性格、戴著廚師帽的金髮少年、喜歡發呆，設計與 20 ~ 35 歲左右的客戶群互動的形象。

提示詞：

以公司名稱 Carlo Sognante (發呆的卡洛) 為吉祥物形象發想，設計全身人物形象。吉祥物是一位富有想像力、跳脫性格的金髮少年，戴著廚師帽，常常喜歡發呆。風格採用歐式插畫，以金色、銀色和黑色為主要色調，設計需與 20 ~ 35 歲左右的客戶群體互動。

生成提示詞後，可依生成內容修改文字描述，增減關鍵元素，調整成更符合需求的提示詞。

生成吉祥物圖像

STEP 01 完成提示詞的調整後，複製、貼上於 Microsoft Designer **影像** 的 **描述** 欄位，設定圖像尺寸後，選按 **產生** 鈕 (或 **Generate** 鈕)。

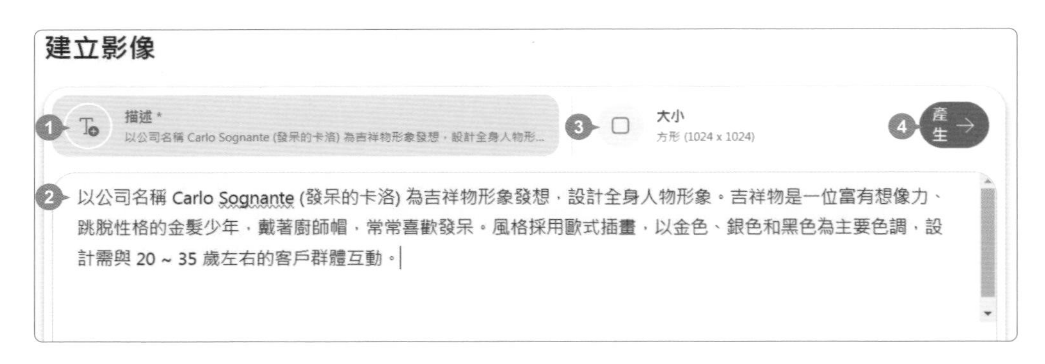

STEP 02 會生成四張圖像。生成圖像後，若對結果不甚滿意，可以依視覺效果調整提示詞，增減條件，重新生成另一組圖像。

分別選按圖像放大檢視，查看細節。若滿意生成的圖像效果，可將圖像下載回本機儲存。(參考 P3-11 操作說明)

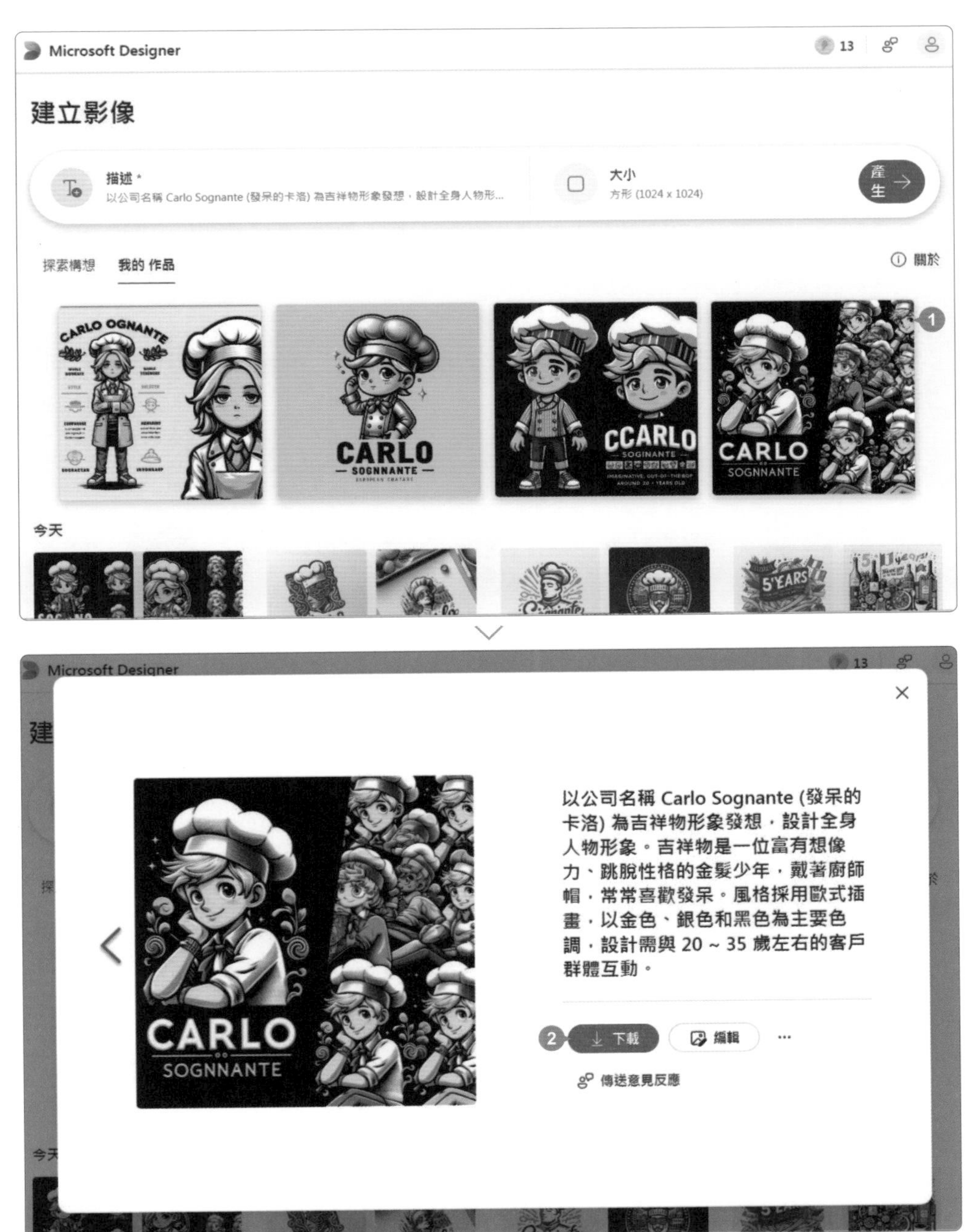

更多 Microsoft Designer 技巧

Designer 提供多樣化的範本及快速提示詞模式，無論是初次嘗試 AI 圖像設計，還是尋找視覺風格靈感都是絕佳工具。

套用範本快速生成社群貼圖

高點擊率、高互動率的社群貼文，不僅需要出色的文案，更需在第一時間吸引觀眾的目光。使用 **社交媒體文章** 主題範本，能快速依提示詞描述生成合適的視覺元素社群貼圖，輕鬆創建精彩的視覺效果。

首頁選按 **社交媒體文章**，於 **探索構想** 標籤，選按合適的範本。

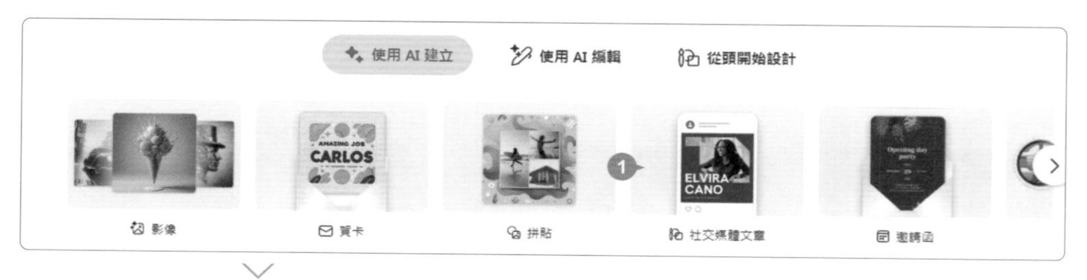

於填充格輸入社群貼文的內容：活動名稱、地點、對象...等。若提示詞填充格缺少關鍵項目，可於左下角選按 **編輯整個提示**，自行調整提示詞，完成後選按 **產生** 鈕 (或 **Generate** 鈕)。

STEP 03 會生成四張圖像，若生成的圖像不合適可調整上方提示詞，重新生成另一組圖像。

STEP 04 分別選按圖像放大檢視，查看細節，於滿意的圖像選按 **編輯** 鈕開啟編輯畫面，利用編輯功能調整文案、設計內容或是重新命名專案名稱。

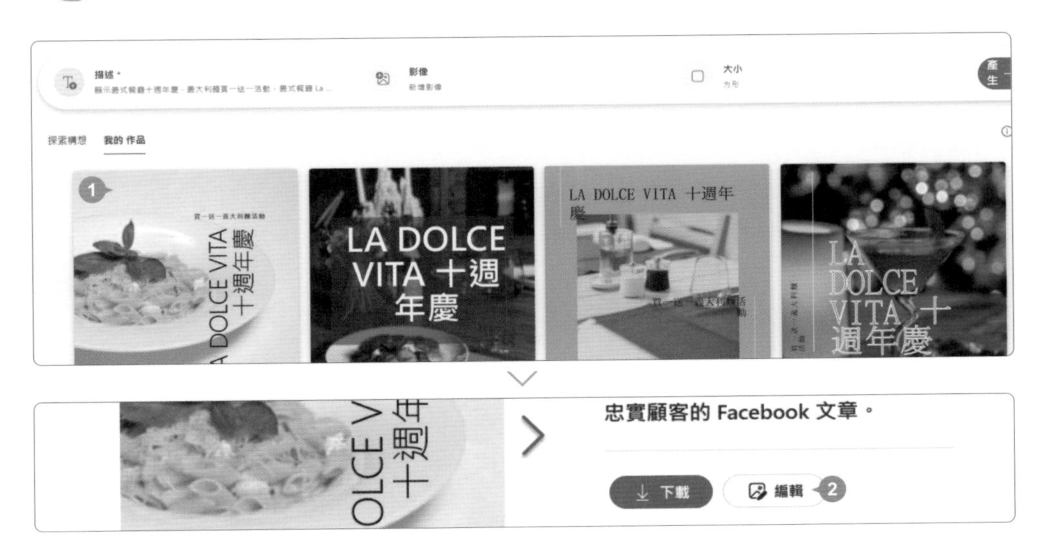

STEP 05 完成編輯後，選按 **下載** 鈕指定檔案類型載至本機儲存。(生成的圖像與編輯後的專案，會自動儲存於首頁的 **我的專案 \ 最近的專案** 標籤中；參考 P3-12 說明。)

套用範本快速生成邀請卡

套用範本和快速提示詞模式，可生成風格相似的卡片設計元素，無論是活動邀請函、優惠券卡片、產品介紹卡片...等，都可以完整並快速生成。

首頁選按 **邀請函**，於 **探索構想** 標籤，選按合適的邀請函範本。

於填充格輸入邀請函的內容：活動名稱、日期、時間、地點...等。若提示詞填充格缺少關鍵項目，可於左下角選按 **編輯整個提示**，自行調整提示詞，完成後選按 **產生** 鈕 (或 **Generate** 鈕)。

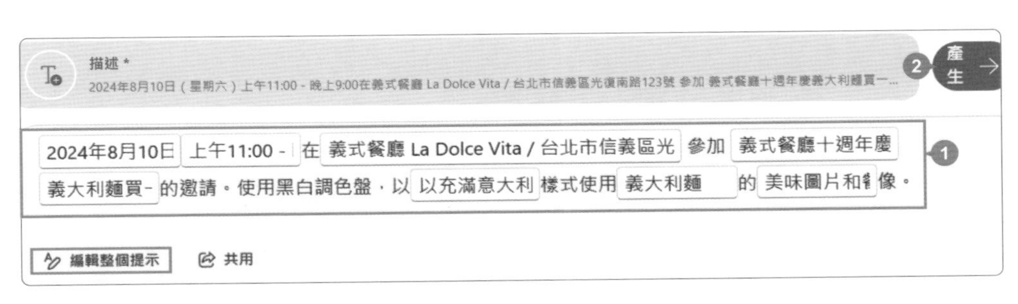

STEP 03 會生成四張圖像，若生成的圖像不合適可調整上方提示詞，重新生成另一組圖像。

STEP 04 分別選按圖像放大檢視，查看細節，於滿意的圖像選按 **編輯** 鈕開啟編輯畫面，利用編輯功能調整文案、設計內容或是重新命名專案名稱。

STEP 05 完成編輯後，選按 **下載** 鈕指定檔案類型載至本機儲存。(生成的圖像與編輯後的專案，會自動儲存於首頁的 **我的專案 \ 最近的專案** 標籤中；參考 P3-12 說明。)

快速 AI 影像去背

Microsoft Designer **使用 AI 編輯** 中的 **移除背景**，可以自動識別並去除圖片背景，快速獲得透明背景的圖像。

首頁選按 **使用 AI 編輯 \ 移除背景** 。

STEP 02 選按 **從此裝置上傳**，指定欲去背的圖像後選按 **開啟** 鈕、**上傳** 鈕。

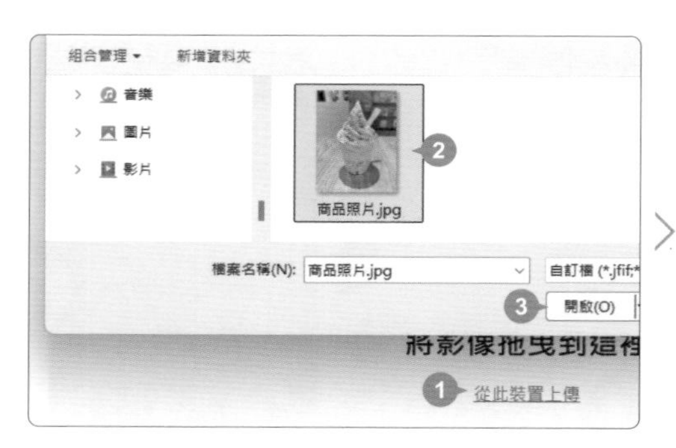

STEP 03 會開啟編輯畫面並已自動完成圖像去背，後續可加入文字或其他視覺效果設計，或是重新命名專案名稱，完成這個設計作品。

行銷新助力 DALL·E 3 圖像生成工具

ChatGPT 免費用戶可每日生成 2 張 DALL·E 圖像，付費帳號則無限制並可使用完整功能，在此帶你了解生成優勢與限制。

DALL·E 3 是 OpenAI 開發的 AI 圖像生成工具， 以 ChatGPT 聊天介面生成圖像，簡單好上手，使用自然流暢的語句即可生成高質量圖像，大大提升在職場上的工作效率。

應用優勢

- **以圖生圖**：上傳圖檔，以其為基礎進行修改，更符合圖像設計需求。
- **編修工具**：生成的圖像，可再於編輯畫面進行局部修改 (改變顏色、形狀或添加新元素)、細節調整 (如亮度、對比度、飽和度...等)，也可結合提示詞調整視覺元素、添加文字、圖像合成...等，透過多樣化的編輯功能，滿足各種創意和設計需求。
- **語言混用**：可以利用不同語言的提示詞生成圖像。
- **應用廣泛**：圖像的優質視覺效果和編輯工具適合應用於宣傳、設計、創作...等用途。

生成限制

- **付費版本**：DALL·E 3 使用 ChatGPT 的聊天介面生成圖像，必須訂閱 ChatGPT Plus 方案，使用 GPT-4 以上版本才能完整使用 DALL·E 3 生成和編輯功能 (此處以 GPT-4o 版本示範)，詳細說明可參考 Part01。
- **尺寸限制**：1024 x 1024 像素、1792 x 1024 像素、1024 x 1792 像素。

商品提案與開發示意圖

使用 DALL·E 3 快速生成商品示意圖，能夠清晰展示產品構思與設計細節，助力項目推進與決策。

這次承接的設計案：為義式餐廳週年慶設計印有品牌 Logo 的紀念品餐盤。經初步會議討論後，根據客戶對設計風格和用途要求，生成產品示意圖，提供完整視覺展示，確保與客戶有效溝通。

■ **設計重點**：清晰展示產品的概念、功能、視覺元素和設計細節，幫助決策者和相關利益方更好地理解產品。

■ **關鍵考量**：視覺元素需與品牌形象一致，涵蓋顏色、材質和設計風格。還需考慮市場適應性、用戶需求和競品分析，以確保產品在市場中的競爭力和吸引力。

生成商品外觀

以性能、外型、呈現...等設計方向，全面具體化商品形象，確保生成的設計更符合需求。

■ **性能設計**：物品種類、使用需求、功能...等。

■ **外型設計**：材質紋理、形狀、風格、顏色...等。

■ **呈現方式**：攝影風格、光線、擺放方式、角度...等。

定義設計師角色，並將物品種類以及設計風格的關鍵元素：材質紋理、視覺元素、顏色...等結合，生成商品圖：

提示詞指令：你是一名 實物 設計師，請依下列條件，生成一個 實物 外型：關鍵詞描述。

你是一名餐具設計師，請依下列條件，生成一個義式餐具外型：

設計目標：義式餐盤、實用。

設計風格：霧面啞光陶瓷材質、簡約並帶有精緻元素，金色、銀色、黑色，威尼斯風格紋飾。

呈現方式：寫實照片呈現、柔光、物品以水平角度擺放、細節。

STEP 02 若圖像效果不如預期，可選按 **重新生成**；或於提示詞左側選按 **編輯訊息**，依需求調整提示詞，送出、生成圖像。

STEP 03 最後於圖像右上角選按 ，將檔案下載儲存至本機即可。(預設下載格式為 .webp，若要下載 PNG、JPG 或其他影像格式，可傳送以下提示詞 (在此以 PNG 為例)：「轉換成 PNG 影像格式檔，提供下載。」，這樣即可自動轉換並提供該影像下載連結。)

圖像去背處理

在 ChatGPT 利用開啟新交談的方式 (避免聊天室內的資訊互相干擾)，為 Logo 圖像去背，以方便後續與圖像合成商品示意圖。

側邊欄選按 開啟新交談後，輸入提示詞，對話框選按 \ **從電腦上傳**，接著於本機選取欲上傳的商標檔案，選按 **開啟** 鈕後送出生成圖像。

圖像已經去背完成，您可以下載 這裡 的透明背景版本。

STEP 02

選按連結文字，會下載儲存至本機電腦，待下載儲存完成，開啟、查看生成的圖像結果 (預設為 PNG 格式檔)。

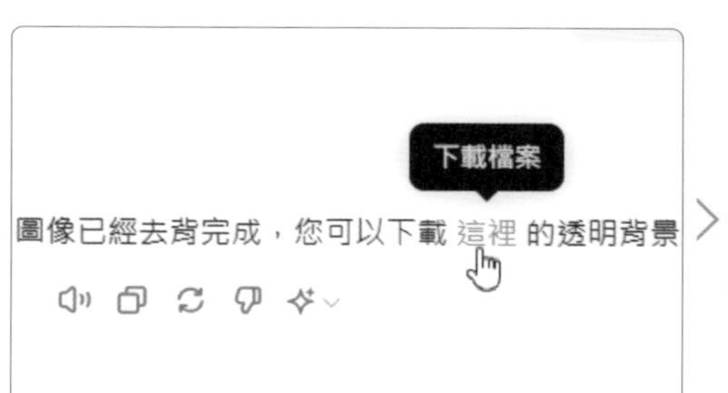

商品與圖案合成示意圖

在 ChatGPT 利用開啟新交談的方式 (避免聊天室內的資訊互相干擾)，接著上傳欲合成的圖像及圖案 (已去背的 Logo 圖像)，快速完成影像合成，預覽產品示意圖完成樣貌。

- **實物**：生成完成的商品圖像。
- **圖案**：背景為透明的品牌 Logo、吉祥物、插圖、icon...等。
- **擺放方式**：物品的正中央、側面、角度...等。

藉由前面完成設計的義式餐盤圖像及商標圖像，合成商品示意圖。

STEP 01 側邊欄選按 開啟新交談後，對話框選按 \ **從電腦上傳**，接著於本機選取欲上傳的圖像及商標檔案，選按 **開啟** 鈕。

將實物、圖案以及擺放方式的要求說明清楚，生成示意圖：

提示詞指令：將這個 圖案，不變形的情況下，以符合這個 實物 角度的方式，印製在 指定位置，不遮擋到 指定圖案，生成示意圖。

Prompt

將這個圖標，不變形的情況下，以符合這個餐盤角度的方式，印製在盤面中央處，不遮擋到餐盤上的花紋，生成示意圖。

已經將標誌以符合餐盤角度的方式印製在盤子中央，生成的示意圖如下：

tableware_with_logo_on_new_plate.png

< 2/2 >

STEP 03 選按連結文字，會下載儲存至本機電腦，待下載儲存完成，開啟、查看生成的圖像結果。

下載檔案

已經將標誌以符合餐盤角度的方式印製在盤子中央，生成的示意圖如下：

tableware_with_logo_on_new_plate.png

< 2/2 >

STEP 04 若圖像效果不如預期，可選按 **重新生成**；或於提示詞左側選按 **編輯訊息**，依需求調整提示詞，送出、生成圖像。

多樣風格的平面文宣品設計

使用 DALL·E 3 完成充滿設計感的文宣，套用多種視覺風格，啟發靈感泉源。

上傳商品相片後，依不同風格的樣貌或版面配置，再搭配背景、文字，快速完成一份平面設計。

以圖生圖轉換商品風格

將宣傳商品照片上傳，提供物品的組成及外觀提示詞，並要求生成一個一模一樣的物品，以寫實照片的方式呈現。

- **商品風格**：在此示範寫實風格系列，例如：高解析度渲染、實景拍攝、光影模擬...等。
- **商品外在特徵**：材質紋理、外觀、特色...等。

STEP 01 ChatGPT 對話框選按 \ **從電腦上傳**，於本機選取欲上傳的圖像，選按 **開啟** 鈕。

將商品風格、外在特徵及組成元素的要求說明清楚，轉換商品風格。

提示詞指令：生成一張整體細節一模一樣的 圖像比例 尺寸圖像，以 風格描述 的風格呈現。商品名稱 組成：關鍵詞描述。

Prompt

生成一張整體細節一模一樣的 1:1 尺寸圖像，以實景拍攝的風格呈現。

冰淇淋組成：牛奶口味、冰淇淋上撒上焦糖碎片、底下有白色米粒狀餅乾、透明無字塑膠杯盛裝。

生成一張整體細節一模一樣的 1:1 尺寸圖像，以實景拍攝的風格呈現。 1
冰淇淋組成：牛奶口味、冰淇淋上撒上焦糖碎片、底下有白色米粒狀餅乾、透明無字塑膠杯盛裝。 2

若圖像效果不如預期，可選按 **重新生成**；或於提示詞左側選按 **編輯訊息**，依需求調整提示詞，送出、生成圖像。

用 "編輯畫面" 更換圖像風格

接續對話，想要為圖像套用另一款具有商品特色的風格時，應盡可能保持圖像原有內容和細節。建議透過 "編輯畫面" 進行風格更換，這樣可以避免圖像被過度修改。

於生成的圖像上按一下滑鼠左鍵，進入圖像編輯畫面。右下角對話框輸入欲更換的風格提示詞，送出後生成圖像：

提示詞指令：更換為 風格描述。

Prompt

更換為浮世繪風格。

更換風格後的圖像，主題會具體保留下來，背景則會設計為符合該風格的內容。

若圖像效果不如預期，可選按 **重新生成**；或於提示詞左側選按 **編輯訊息**，依需求調整提示詞，送出、生成圖像。

加上標題文字

同樣於圖像編輯畫面，為平面文宣品加上標題文字。DALL·E 3 目前只能生成英文字，因此字體名稱和顏色也建議使用英文提示詞。參考下列條件建立標題提示詞：

- **標題文字**：宣傳項目、商品名稱、活動內容...等。
- **副標題**：細節文字、時間、地點...等。
- **文字位置**：圖像正中央、左上角、右上角...等。
- **字體**：字體名稱 (可使用提示詞「列項 10 種 ChatGPT 生成圖像時最常使用的英文字體名稱」，請 ChatGPT 提供參考資訊。)。
- **顏色**：文字顏色，可以為色彩的英文名稱、十六進位碼，RGB 碼 ...等 (可參考 https://english.cool/colors/ 或其他色彩表網站資訊)。

於圖像編輯畫面，輸入欲加入的標題文字提示詞，送出後生成圖像：
提示詞指令：這是一張 作品類型名稱 底圖，請依下列條件加上文字：標題提示詞描述。

Prompt

這是一張平面文宣底圖，請依下列條件加上文字：
標題文字："ICE CREAM"
副標題："Bring you a refreshing summer."
字體：Butler Font
顏色：Navy Blue

若圖像效果不如預期，可選按 **重新生成**；或於提示詞左側選按 **編輯訊息**，依需求調整提示詞，送出、生成圖像。

局部編修：變更背景與移除指定物件

同樣於圖像編輯畫面，僅選取圖像背景，輸入欲更換的提示詞：

- **更換背景**：空間、風景...等。
- **背景風格**：日本浮世繪、中國水墨畫、美式漫畫...等。
- **背景色調**：復古、藍色調、鮮豔...等。

於圖像編輯畫面，圖像上方工具列選按 **選取**。

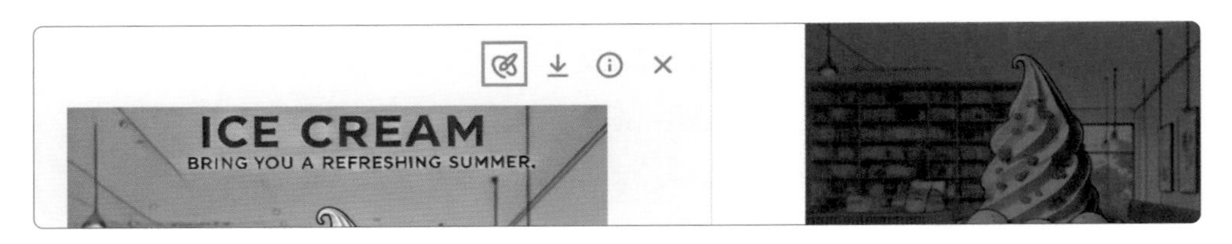

圖像上方工具列滑桿處，拖曳滑桿控點調整合適的筆刷大小，於圖像上以左滑鼠左鍵點按或拖曳選取欲修改的背景範圍 (可分二段式選取：先用大筆刷刷取大範圍，再用小筆刷刷取邊緣處。)。

輸入欲更換的背景風格提示詞，送出後生成圖像：

提示詞指令：更換背景：背景提示詞描述。

Prompt

更換背景：長著蘆葦的平靜湖面有划著竹筏的漁夫。
風格：華麗的浮世繪風格。
色調：與原背景同色調。

小提示

選取局部範圍的技巧

選取範圍準確度，會影響編修結果，欲加入的物件大小也會依據選取的範圍，決定尺寸、比例：

- 選取範圍過大，會變動到欲保留的圖像內容。
- 選取範圍過小，編修的完整度則會不如預期。

另外也建議，在欲修改與欲保留範圍的邊緣處需選取仔細些，並可稍微選取到欲保留範圍的邊緣 (如上圖)，這邊編修出來的效果會較為自然。

STEP 04 即完成圖像局部範圍的修改。

STEP 05 同樣的方式，圖像上方工具列選按 ，將圖像上不合適的物件選取並輸入更換物件的提示詞，送出後生成圖像：

提示詞指令：移除，並以 描述 呈現。

Prompt

移除，並以焦糖碎片呈現。

STEP 06 即完成圖像局部範圍的修改。

STEP 07 若圖像效果不如預期，可選按 **重新生成**；或於提示詞左側選按 **編輯訊息**，依需求調整提示詞，送出、生成圖像。

STEP 08 圖像上方工具列選按 可將檔案下載儲存至本機，選按 可關閉編輯畫面回到 ChatGPT 主畫面。

小提示

局部修改常使用的提示詞

於圖像編輯畫面選按 選取欲編輯的範圍後，可使用「移除，並以....呈現」、「替換成 ....」、「去除掉多餘的....」...等提示詞編修圖像。

更多 DALL·E 3 技巧

使用 DALL·E 3 一次生成多張圖像並用提示詞融合，快速完成視覺構想，產生設計新火花。

一次生成多張圖像

輸入生成圖像張數與室內設計需求，依序描述圖像：

提示詞指令：請依序生成 數字 張 圖像種類，需求描述：1 圖像描述、2 圖像描述、3 圖像描述、4 圖像描述

Prompt

請依序生成四張餐廳室內設計圖，總面積為 50 坪，須放置七張雙人餐桌：

1 簡約風格餐廳

2 工業風餐廳

3 歐式田園風餐廳

4 義大利風格餐廳

若圖像效果不如預期，可選按 **重新生成**；或於提示詞左側選按 **編輯訊息**，依需求調整提示詞，送出、生成圖像。

用提示詞融合圖像

STEP 01 接續對話，輸入欲融合的圖像編號：

提示詞指令：請融合第 數字 張與 數字 張 圖像種類。

Prompt

請融合第一張與第四張設計圖。

已將第一張簡約風格與第四張義大利風格融合，生成了一張新的餐廳室內設計圖。請檢視這張融合設計圖，若有任何調整需求或其他設計需求，請隨時告知。

STEP 02 若圖像效果不如預期，可選按 **重新生成**；或於提示詞左側選按 **編輯訊息**，依需求調整提示詞，送出、生成圖像。

STEP 03 最後於圖像右上角選按 ，將檔案下載儲存至本機即可。(預設下載格式為 .webp，若要下載 PNG、JPG 或其他影像格式，可傳送以下提示詞 (在此以 PNG 為例)：「轉換成 PNG 影像格式檔，提供下載。」，這樣即可自動轉換並提供該影像下載點連結；也可利用免費線上平台轉檔，例如：AnyWebP。)

Part 04

打造 AI 宣傳影片
強化推廣效果

利用 FlexClip AI 技術優化影片創作流程，從靈感激發、內容生成，全方位地展示 AI 在影片創作中的強大功能。無論是提升影片品質還是加速創作進程，AI 都能助你在競爭激烈的市場中脫穎而出。

影片行銷：數位化營運的突破點

影片行銷在當今數位化營運中扮演著關鍵角色，不僅能有效吸引目標受眾，更提升品牌及產品的曝光與影響力。

行銷影片的應用與時機

- **品牌宣傳**：透過生動的視覺效果和動人的故事情節，影片能夠有效地傳達品牌理念和價值觀。例如，品牌故事影片可以展現企業的品牌歷史、內涵和社會責任...等，增強消費者對品牌的認同感和忠誠度。
- **產品展示**：產品介紹影片可以詳細展示功能、視覺外觀和實際使用效果，幫助消費者更全面地了解產品。此外，影片包含用戶評價和使用心得能增加產品的可信度提升消費者購買意願。
- **社群媒體行銷**：短影片平台如 TikTok、Instagram Reels 和 YouTube Shorts，提供了品牌展示創意和吸引粉絲的絕佳機會。透過創作有趣、精準定位的影片內容，品牌可以吸引更多的關注和互動，並迅速擴大影響力。
- **數位廣告**：相比靜態圖片結合文字廣告，動態影音搭配的廣告更具吸引力和感染力。無論是在社群媒體、搜索引擎還是串流媒體平台上都能投放數位廣告影片，最大化品牌與商品曝光度，進而引發消費者強烈的購買興趣。

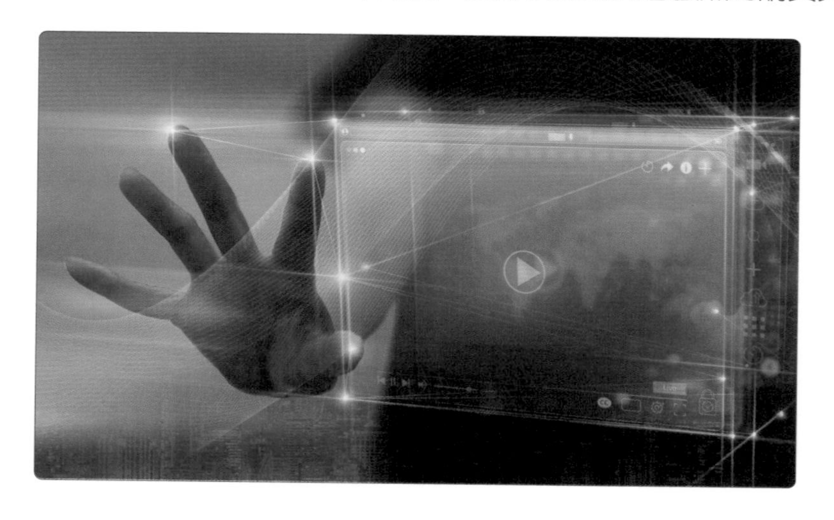

線上專業影片編輯工具 FlexClip

FlexClip 是一個功能強大且操作容易的線上影片創作平台，提供了廣泛的影片編輯工具和素材、範本。不需下載或安裝，無論是新手還是專業人士，都能輕易上手，快速完成高質量的影片。

FlexClip 結合了最新的 AI 剪輯功能，可以利用 AI 自動生成影片、字幕外，還有 AI 圖片生成器、AI 生成腳本、AI 去背...等強大的輔助功能，讓創作影片、剪輯變得非常輕鬆！

AI 生成影片著作權與商業使用規範

- **原創性、道德問題**：AI 生成影片，是透過學習大量的現有作品進行融合、重組產生新創作，其生成的影片往往包含了不同來源現有作品元素。因此，生成內容備受爭議。創作前須注意肖像權、智慧財產權...等相關法律，避免使用 AI 工具時侵犯他人權益。
- **商業運用**：AI 生成影片在廣告和營銷展現出強大的潛力，然而生成內容的使用規範非常重要。除了要遵守相關的版權法規外，還得確保所使用的素材或數據沒有侵犯版權，同時要明確標示 AI 生成的內容，告知消費者，以維護品牌的信譽和透明度。

FlexClip 輕鬆創作影片

用 FlexClip 創作專業影片，簡單直觀，資源豐富，讓影片製作變得前所未有的輕鬆愉快。

免費線上影片編輯器

FlexClip 是一個線上影片創作平台，瀏覽器開啟網頁即可使用需要的編輯功能，註冊後即可免費使用，當然也可以付費訂閱，以取得更多的服務項目，例如：4K 超高清下載、雲端空間、沒有浮水印...等。

	免費方案	高級方案	商業方案
費用	$ 0 / 月	$ 9.99 / 月	$ 19.99 / 月
影片	720P 有浮水印 影片長度 10 分鐘 每個專案能使用 1 個影片及音樂素材	1080P 無浮水印 影片長度無限制 每個專案能使用 5 個影片及音樂素材	4K 無浮水印 影片長度無限制 每個專案能使用的影片及音樂素材無限制
AI 功能	影片、圖片、腳本生成：5 次 / 月 文字轉語音、翻譯器：1000 字元 / 月 字幕、降噪、人聲移除：5 分鐘 / 月	影片、圖片、腳本生成：2400 次 / 年 文字轉語音、翻譯器：60 萬字元 / 年 字幕、降噪、人聲移除：720 分鐘 / 年	影片、圖片、腳本生成：6000 次 / 年 文字轉語音、翻譯器：360 萬字元 / 年 字幕、降噪、人聲移除：2880 分鐘 / 年
儲存	無雲端空間 影片分享：1 次 專案儲存數：12	雲端空間：30 GB 影片分享：100 GB 專案儲存數：無限制	雲端空間：100 GB 影片分享：1 TB 專案儲存數：無限制

更詳盡的說明，請參考 FlexClip 官網：「https://www.flexclip.com/tw/pricing.html」。(此資訊以官方公告為準)

註冊並登入 FlexClip

開始使用 FlexClip 前要先註冊帳號，可以使用 Google、Facebook 帳號或是電子信箱直接註冊，以下示範以 Google 帳號註冊並登入 FlexClip：

STEP 01 開啟瀏覽器，於網址列輸入：「https://www.flexclip.com/tw/」進入 FlexClip 首頁，畫面右上角選按 **註冊** 鈕，再選按 **以 Google 帳號繼續**。

STEP 02 於 **登入** 視窗選按欲使用的帳號，再選按 **繼續** 鈕，即完成註冊即登入的操作。

認識 FlexClip 首頁

註冊完成會直接進入 FlexClip 首頁，在開始操作先熟悉主要介面：

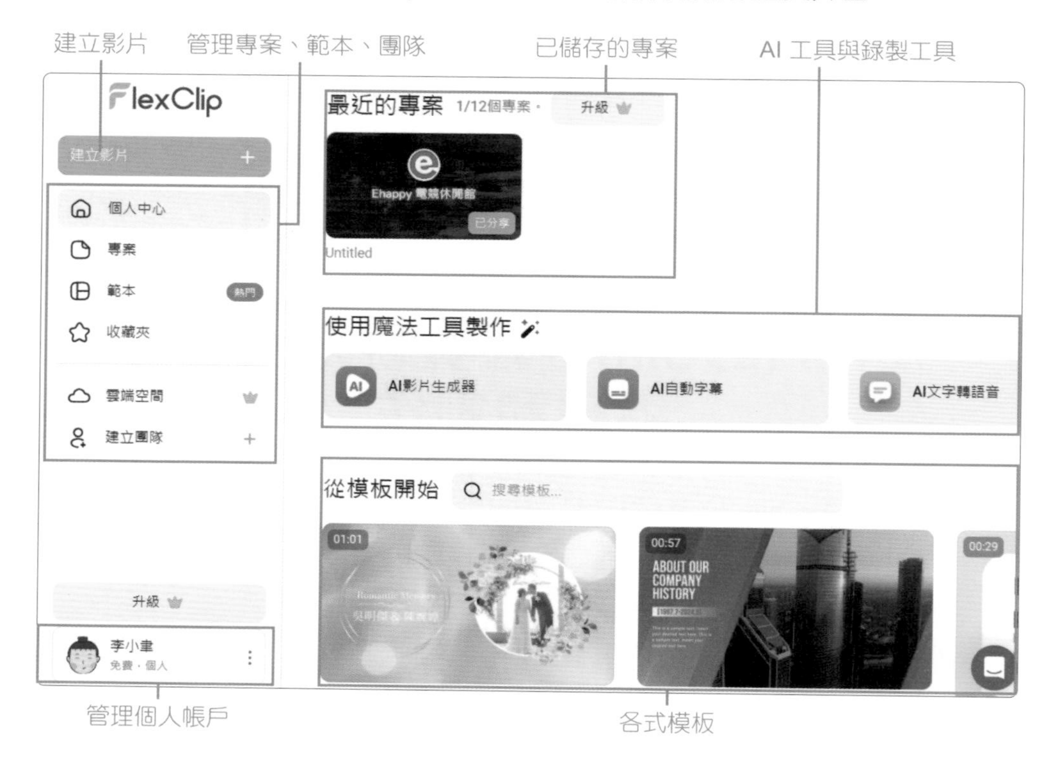

AI 腳本生成並建立影片

使用 FlexClip 的 AI 影片腳本功能自動生成詳細的影片畫面指南，描述場景、對話、動作和視覺效果。

生成影片腳本

建立影片前，撰寫腳本描述，可以讓 AI 在建立影片時更加貼合創意與想法。

於 **使用魔法工具製作** 右側選按 > 展開更多功能，再選按 **AI 影片腳本** 開啟視窗。

STEP 02 於欄位中輸入生成腳本的提示詞，選按 **生成** 鈕。(免費帳號每個月只能使用 5 次)

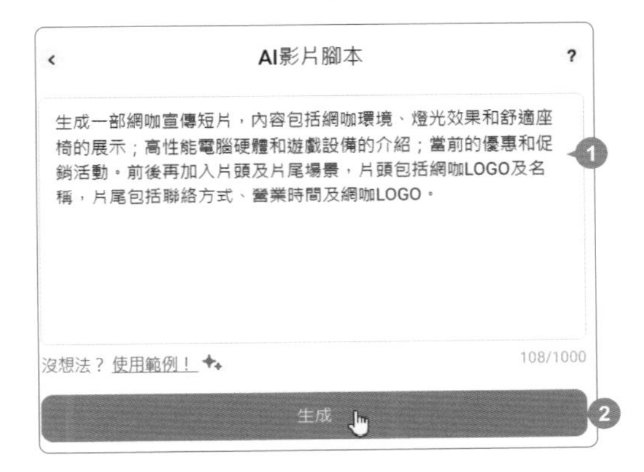

STEP 03 腳本生成完成後，檢查內容是否合適，若需修改腳本，於欲修改的文字點一下滑鼠左鍵出現文字輸入線即可編輯。(建議將修訂完成的腳本複製並另存成文字檔，方便後續編輯運用，於 **AI 轉影片** 右側選按 ⧉ 即可複製文字可參考 TIP3 提示詞_ok.txt。)

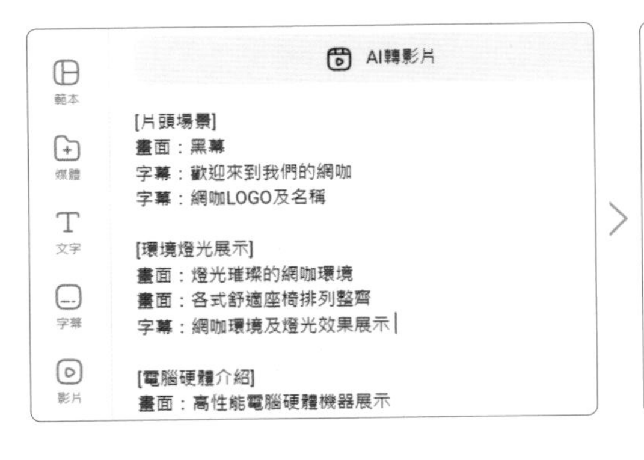

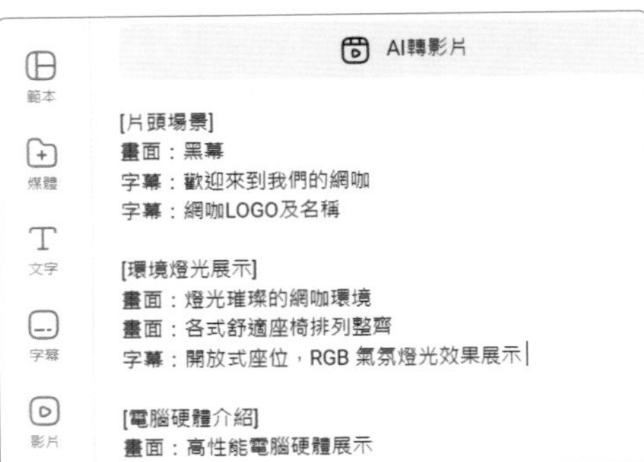

小提示

重新生成或潤飾腳本

腳本生成後，如果對該內容安排不甚滿意，可以利用以下方式重新生成或是潤飾腳本內容：

重新生成：選按 ‹ 回到上一頁，然後再重新輸入、送出生成腳本的提示詞即可。(重新生成會消耗生成次數)

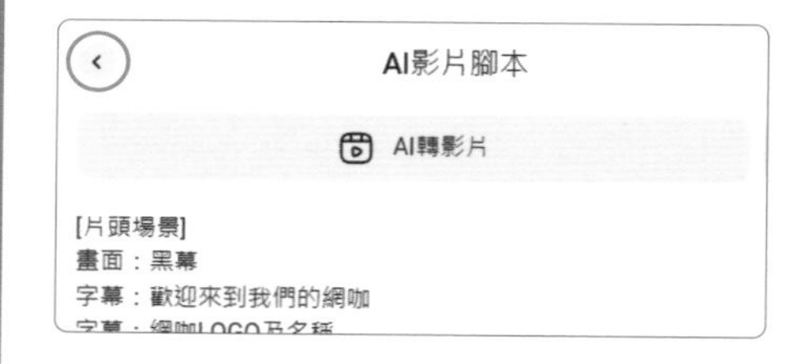

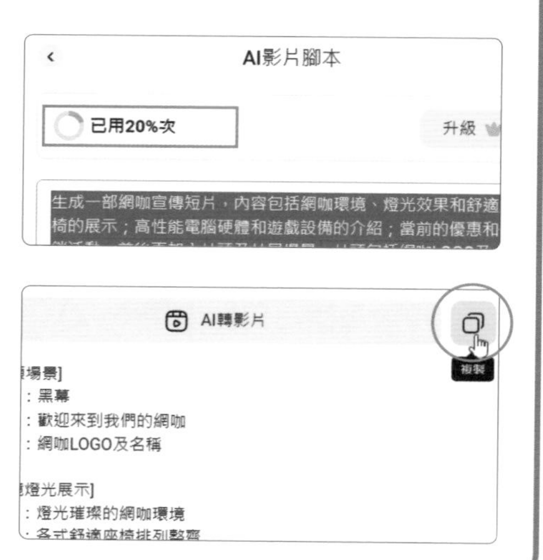

利用 ChatGPT 潤飾腳本：於腳本右上角選按 ⧉，將腳本複製，接著利用 ChatGPT 潤飾腳本內容，完成後再將文字貼回 **AI 影片腳本** 的欄位即可。(ChatGPT 相關操作可參考 Part 01 操作示範)

腳本轉影片

將腳本轉影片讓文字變成動態影像，吸引更多觀眾！

確認腳本無誤後，選按 **AI 轉影片** 鈕。(免費帳號每個月只能使用 5 次)

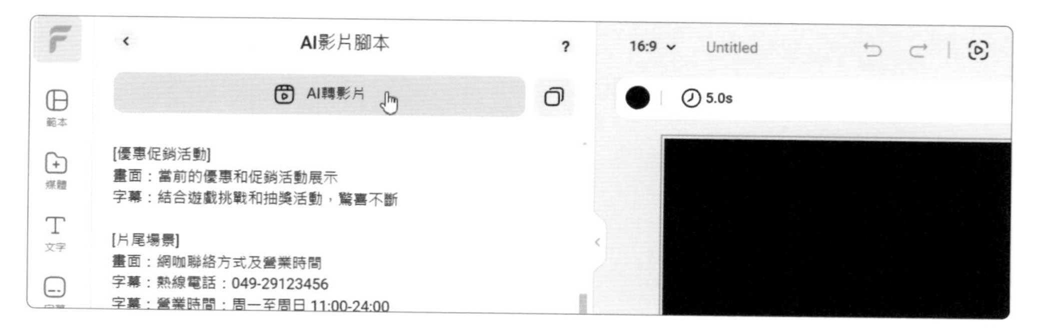

STEP 02 於 **文字風格** 清單中選按合適的字幕樣式，再選按 **生成** 鈕開始產生影片內容。

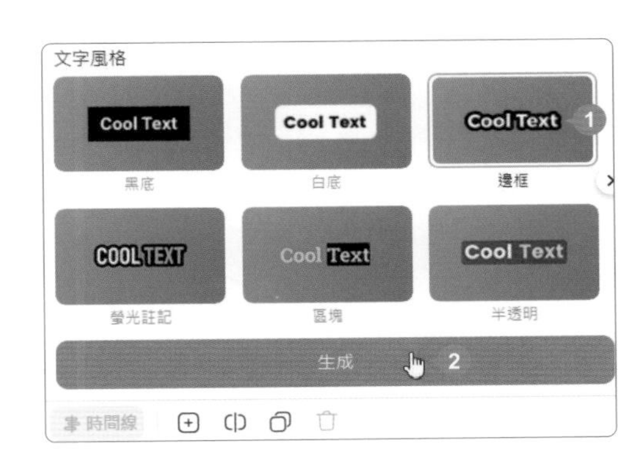

STEP 03 生成完成後，影片會自動生成旁白音訊，作品此處不安排旁白，因此先取消，於畫面上方選按 **旁白** 呈 狀。

STEP 04 確認字幕文字無誤後 (可於畫面右側 **AI 摘錄** 區內調整生成的字幕文案)，於畫面右上角選按 **添加到時間線** 鈕，核選 **替換全部**，再選按 **應用** 鈕，即可開始轉換為影片。

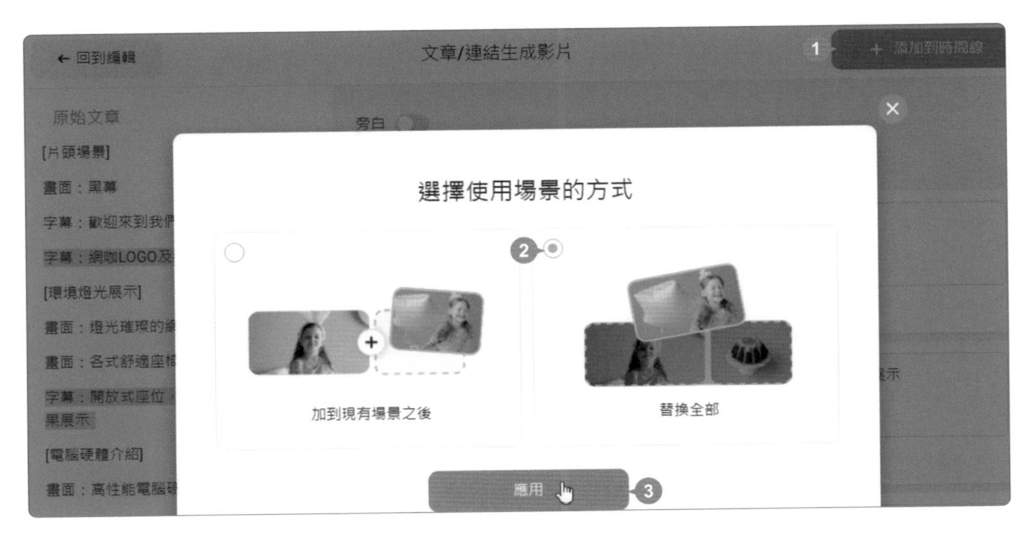

用字幕提升影片理解度

AI 生成的影片字幕有不一定會與腳本完全一致，可以再利用 **字幕** 工具調整字幕內容或是合併、分行、分段方式。

開始操作先了解 FlexClip 的編輯畫面：

調整字幕內容

側邊欄工具選按 ⊡ **字幕** (或是選按時間軸上的藍色字幕區塊)，於 **字幕** 工具面板欲修訂的字幕上按一下滑鼠左鍵產生輸入線，即可調整字幕內容。

STEP 02 如果要替換成之前腳本的文字，可於側邊欄工具選按 工具，選取腳本文字後，按 Ctrl + C 鍵複製，再選按 字幕，選取欲替換的字幕後按 Ctrl + V 鍵貼上，再依相同操作完成其他字幕的修訂及替換。

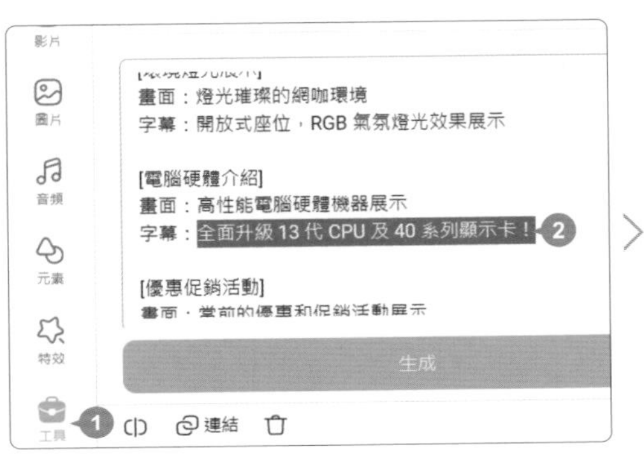

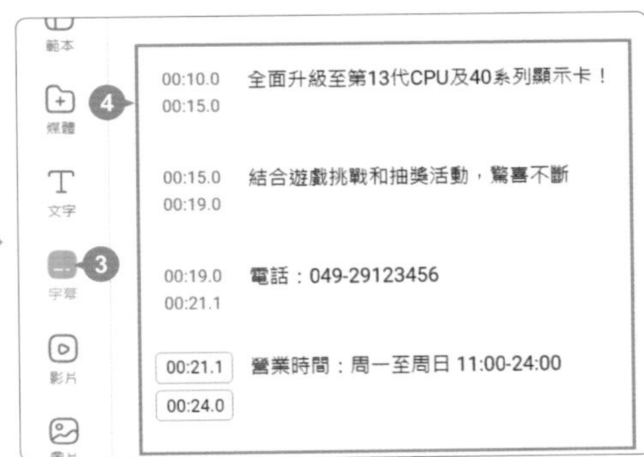

合併、換行或分割字幕

STEP 01 側邊欄工具選按 字幕，於工具面板上，將滑鼠指標移至欲合併的字幕中間，選按 **合併**，即可將下方的字幕與上方的字幕合併。

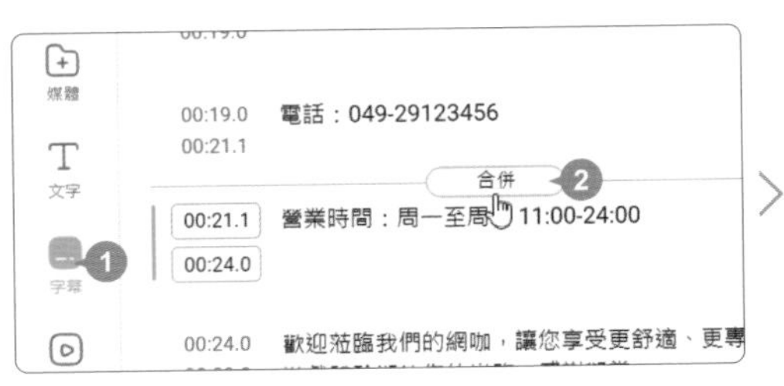

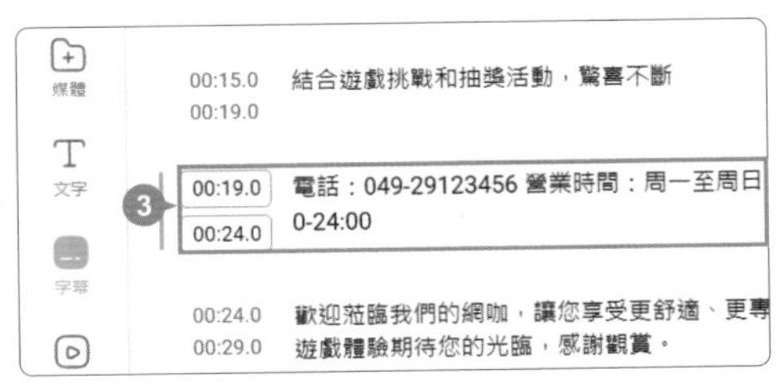

STEP 02 於欲換行的字幕文字前，按一下滑鼠左鍵將輸入線移至此處，按 Shift + Enter 鍵即可換行。

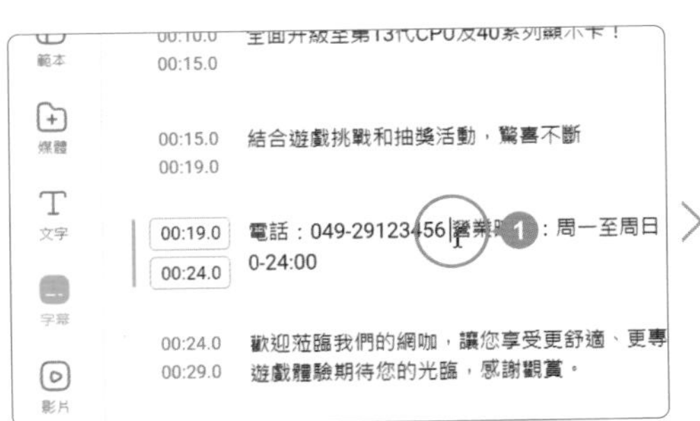

STEP 03 若字幕內容過長，可以將字幕分割，於欲分割的字幕文字前，按一下滑鼠左鍵將輸入線移至此處，再按 Enter 鍵即可。

調整字幕進、退場時間點

STEP 01 將滑鼠指標移至時間軸字幕區塊的左側呈 ↔ 狀，往右拖曳可以變更字幕的進場時間。

STEP 02 將滑鼠指標移至時間軸字幕區塊的右側呈 ↔ 狀，往左拖曳可以變更字幕的退場時間，最後依相同操作完成其他字幕的調整即可。

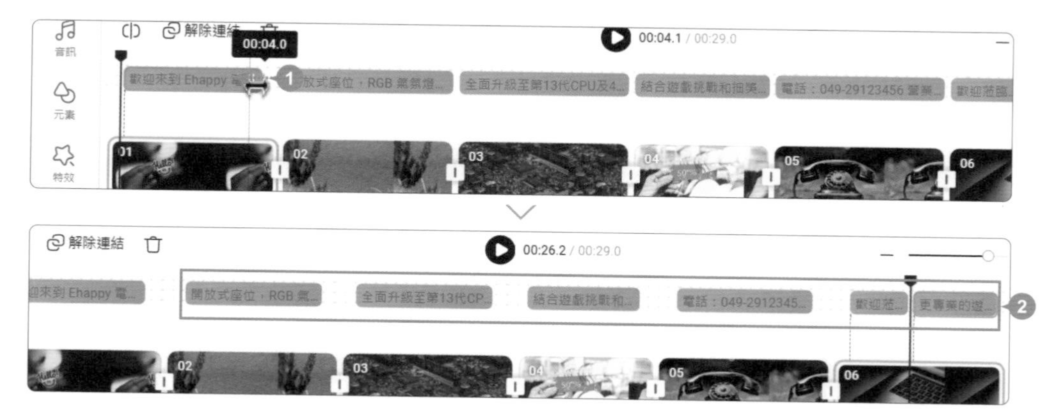

提升影片畫面的視覺美感

AI 影片生成的素材若是不符合需求或是不甚滿意，都可透過 AI 重新生成圖片，或是利用內建的圖片、影片素材替換。

利用 AI 生成圖片

FlexClip 的 AI 圖片生成器，可以生成出獨具特色的圖片素材。

STEP 01 時間軸上按一下欲替換背景的縮圖，側邊欄工具選按 **圖片**，再於 **AI 圖片生成器** 選按 **開始生成** 鈕。(免費帳號每個月只能使用 5 次)

STEP 02 於 **AI 圖片生成器** 描述欄位輸入生成圖片的提示詞，挑選合適的 **風格** 與 **比例**，接著選按 **生成** 鈕。

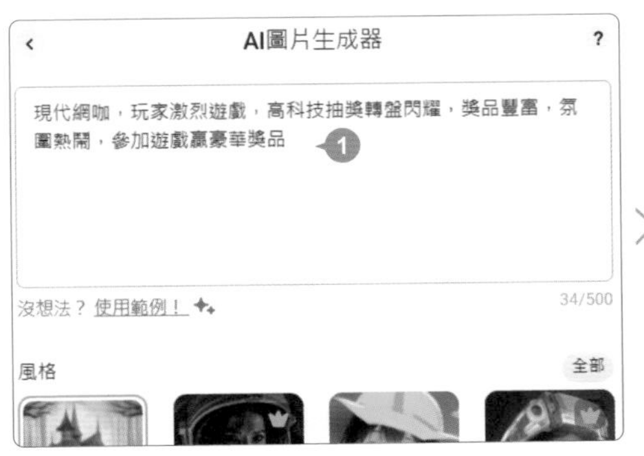

STEP 03 拖曳生成的圖片至預覽畫面靠近邊框的位置，會自動吸附至背景，放開滑鼠左鍵即可替換。(若對生成結果不滿意，可選按 **重新生成** 鈕消耗生成次數重新生成。)

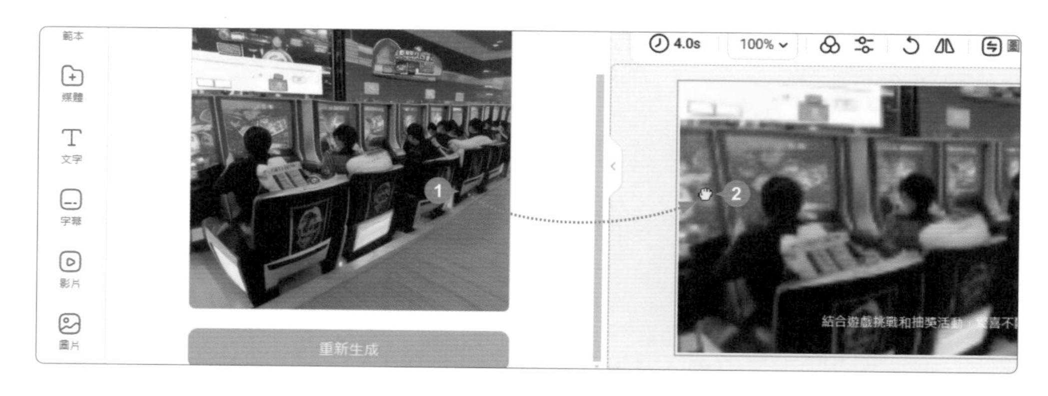

STEP 04 於預覽畫面上按一下滑鼠左鍵選取，工具列選按 **縮放**，拖曳滑桿縮放圖片大小，完成操作後右側選按 ✓ **完成** 即可。

加入影片或圖片素材

FlexClip 提供了許多圖片或是影片素材，善用關鍵字搜尋找出合適的項目。

影片替換影片：時間軸上按一下欲替換背景的縮圖，側邊欄工具選按 **影片**，搜尋欄位輸入關鍵字，再按 Enter 鍵開始搜尋。

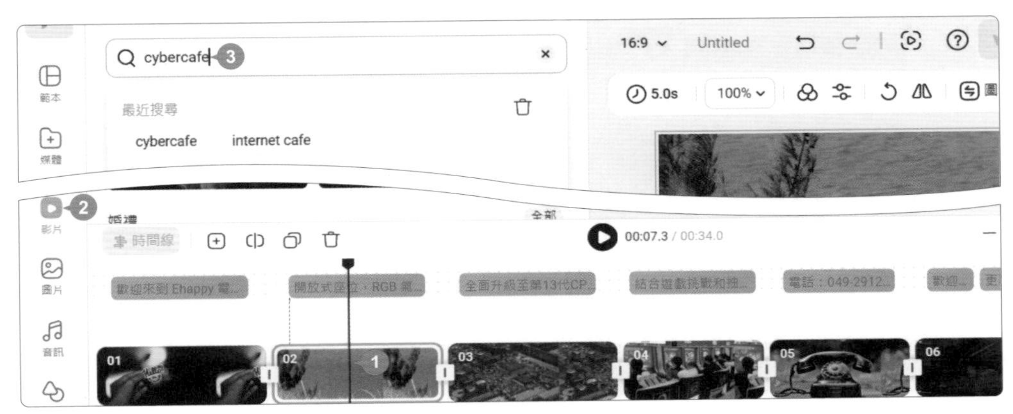

拖曳欲使用的影片素材至預覽畫面靠近邊框的位置，會自動吸附至背景，放開滑鼠左鍵即可替換，再設定縮放比例至合適的大小。

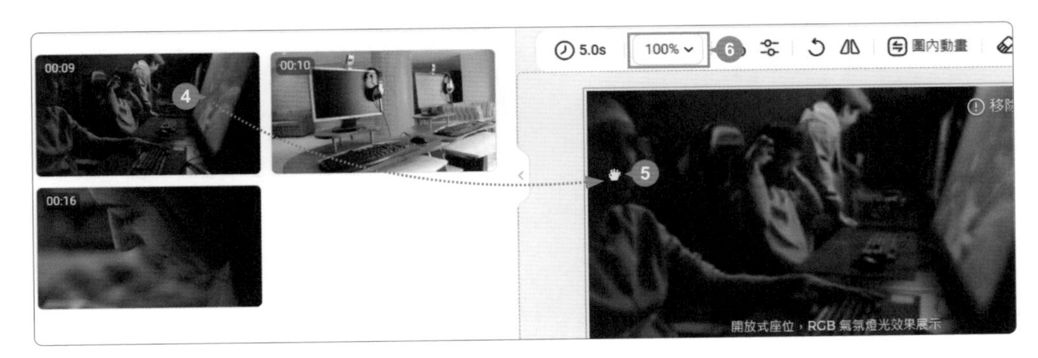

小提示

影片素材使用注意事項

FlexClip 免費版本限制每個專案只能使一部內建影片素材，若要使用二部以上則需要訂閱。但如果是使用外部匯入的影片素材則不限制。

STEP 02 **圖片替換圖片**：時間軸上按一下欲替換背景的縮圖，側邊欄工具選按 **圖片**，搜尋欄位輸入關鍵字，再按 Enter 鍵開始搜尋。

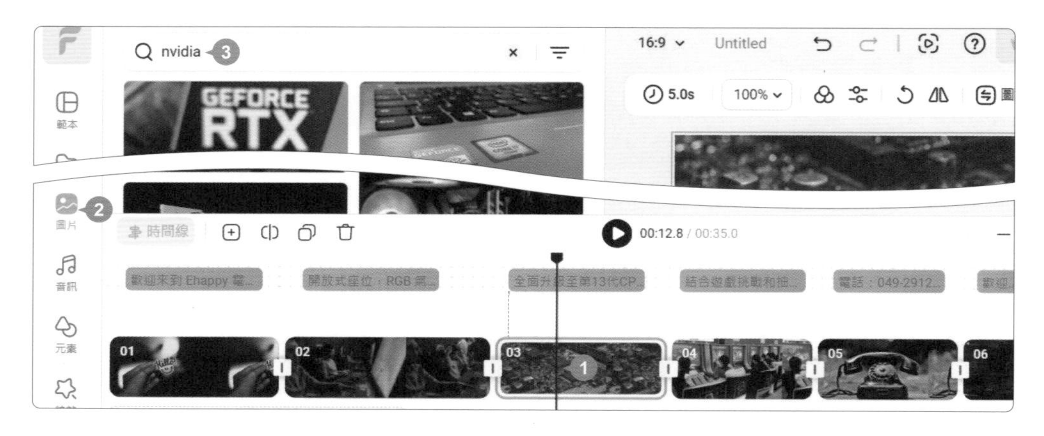

拖曳欲使用的圖片素材至預覽畫面靠近邊框的位置，會自動吸附至背景，放開滑鼠左鍵即可替換，再設定縮放比例至合適的大小。

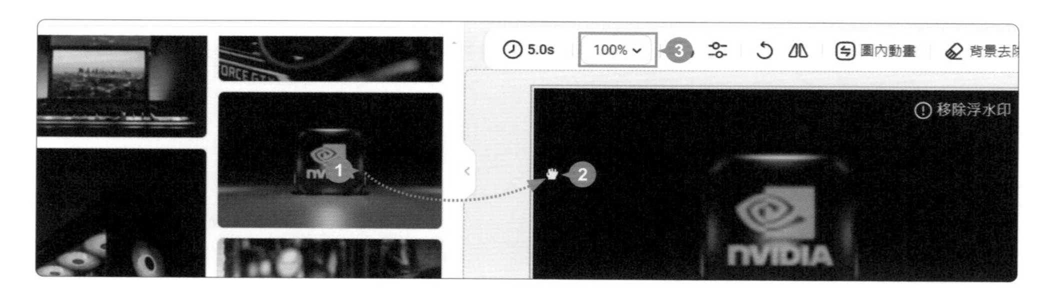

最後，依相同方式完成其他場景的背景替換即可。

小提示

快速調整場景時間長度

為場景替換背景影片可能會改變原場景的時間長度，此時只要將滑鼠指標移至場景縮圖左或右側，呈 ↔ 狀，左右拖曳即可快速調整時間長度。

設計專屬片頭及片尾

影片行銷中，片頭需簡潔，迅速抓住觀眾注意力；片尾應包含行動呼籲和提供聯絡資訊，強化品牌記憶和提升互動。

片頭：提高品牌識別度

將事先設計好的背景圖片、影片素材及商標匯入至 FlexClip 媒體庫。

STEP 01 側邊欄工具選按 **媒體 \ 上傳檔案** 開啟對話方塊，指定本機欲上傳的檔案 (單一上傳或是按 Ctrl + A 鍵全選)，再選按 **開啟** 鈕。

STEP 02 時間軸上按一下片頭縮圖，於 **媒體 \ 這個專案** 標籤，媒體庫面版拖曳剛剛上傳完成的片頭影片素材至預覽畫面如圖位置，放開滑鼠左鍵替換影片內容。

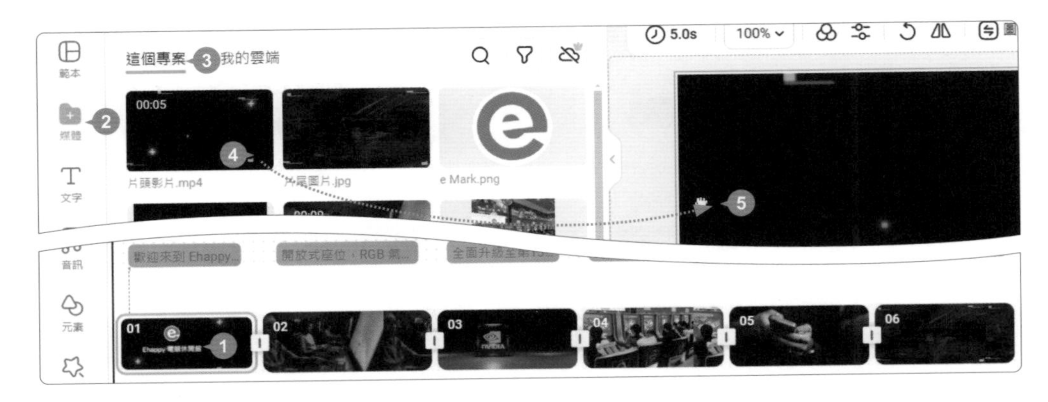

STEP 03 拖曳片頭要使用的商標至預覽畫面上擺放。

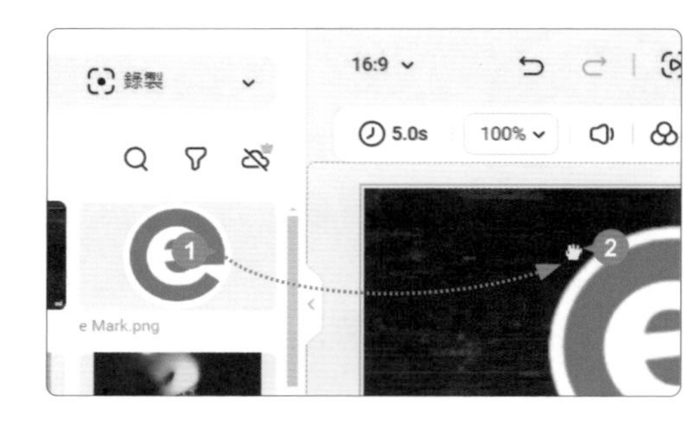

STEP 04 選取商標圖片的狀態下，將滑鼠指標移至四個角控點上呈 ⤡ 狀，拖曳縮放至合適的大小；於快速工具列選按 **配置** \ **置中** 即可將圖片擺放至畫面水平正中央。

STEP 05 側邊欄工具選按 **文字**，於 **文字樣式** 右側選按 **全部** 鈕，清單中選按合適的文字樣式，即可在預覽畫面插入一文字方塊。

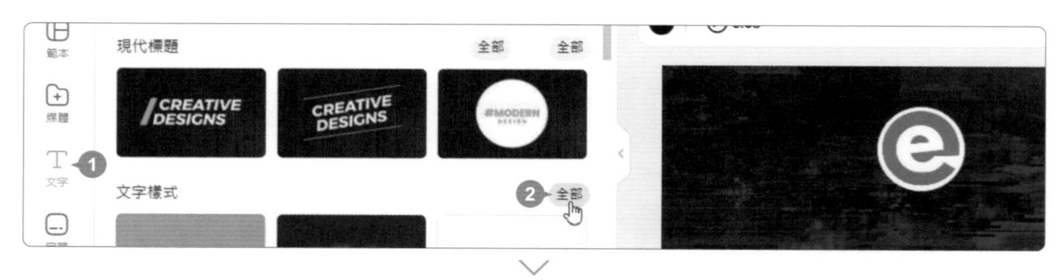

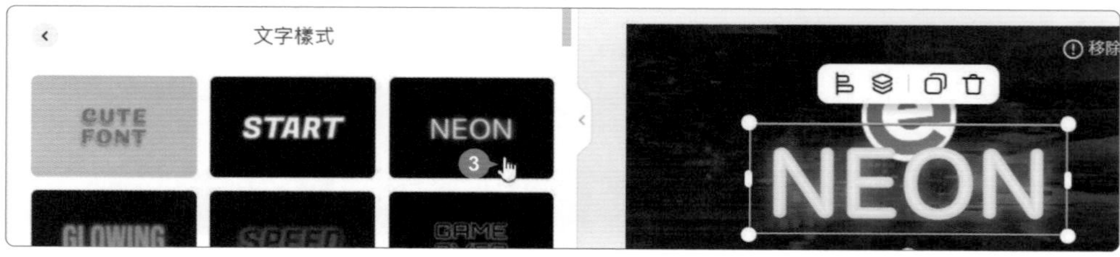

STEP 06 工具列設定合適字型大小，於文字方塊上連按二下滑鼠左鍵，輸入合適的文字內容；接著於預覽畫面任意處按一下滑鼠左鍵取消選取，將滑鼠指標移至文字方塊上呈 ✥ 狀，再拖曳文字方塊至合適的位置擺放。

STEP 07 選取商標圖片後，工具列選按 **動畫** 開啟工具面版，選按 **入場動畫** 標籤，清單中選按合適的動畫項目套用，即完成片頭的設計。

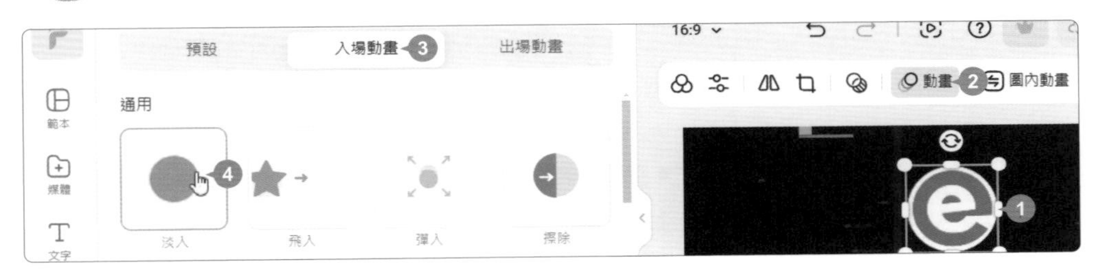

片尾：行動呼籲與提供聯絡資訊

STEP 01 時間軸上按一下片尾縮圖，側邊欄工具選按 **媒體 \ 這個專案** 標籤，媒體庫面版拖曳片尾圖片素材至預覽畫面靠近邊框的位置，放開滑鼠左鍵替換背景。

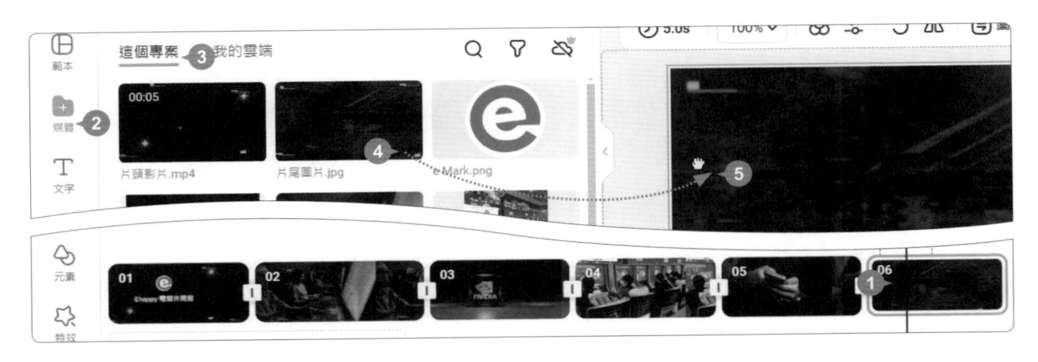

時間軸上按一下片頭縮圖，按住 Shift 鍵不放，分別選取商標及文字方塊，再按 Ctrl + C 鍵複製。

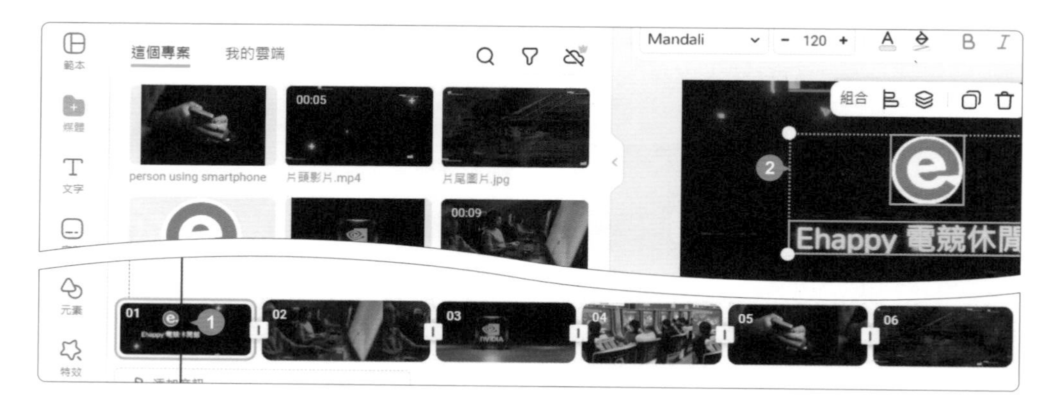

STEP 03

時間軸上按一下片尾縮圖，按 Ctrl + V 鍵將剛剛片頭複製的商標與文字方塊貼入片尾，將文字替換成行動呼籲與聯絡資訊內容。

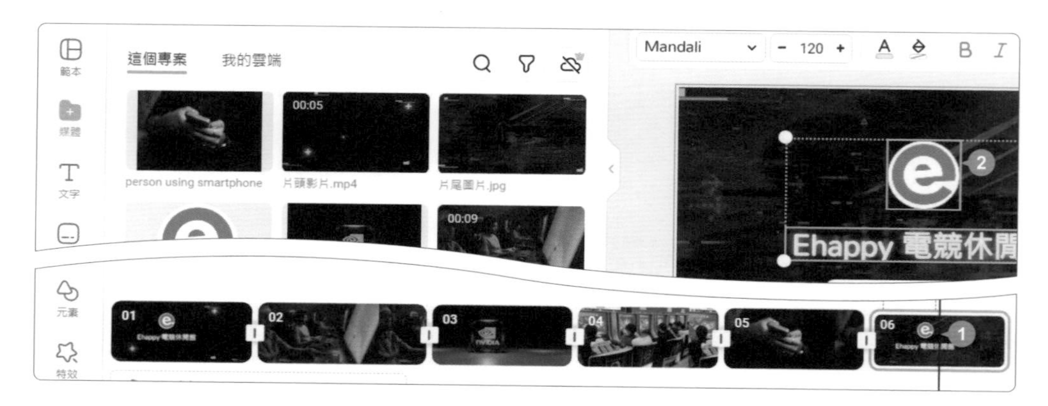

STEP 04

最後調整商標圖片的大小、行動呼籲、提供聯絡資訊...等相關文字內容及字型大小，這樣即完成片尾的設計。

背景音樂讓影片更加出色

背景音樂需配合內容營造氛圍，音量適中，不掩蓋旁白或重要音效，並選擇能引發觀眾情感共鳴的曲目，提升整體觀賞體驗。

加入背景音樂並調整音量、淡入淡出效果

如果影片生成後沒有自動生成背景音樂，可依操作步驟添加合適的音樂。

STEP 01 側邊欄工具選按 **音訊 \ 音樂** 標籤開啟工具面板，清單中音訊名稱左側選按 ▶ 可試聽音樂。

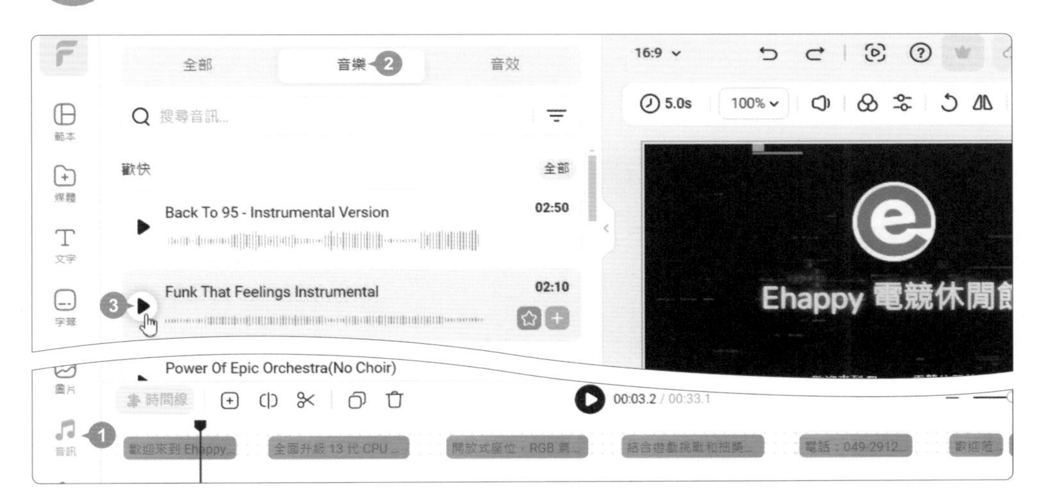

STEP 02 於音訊名稱右側選按 **添加到時間線**，即可將音訊加入至音訊軌，按 Enter 鍵可回到時間軸主模式。(選按 **收藏** 可將該音訊加至 **收藏夾**)

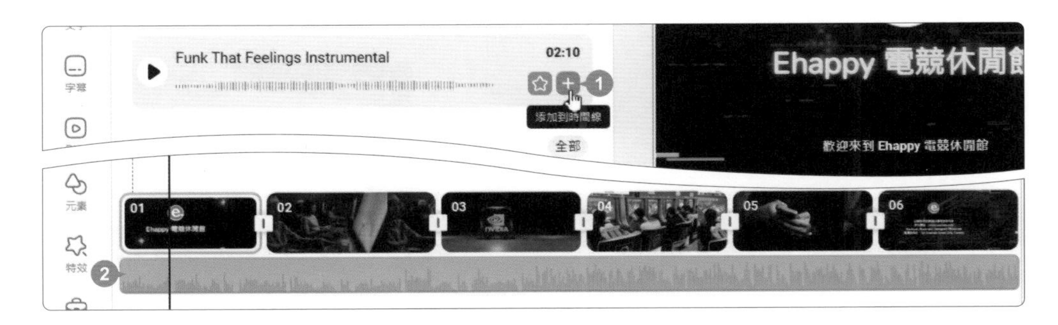

STEP 03 **裁剪音訊開始與結束時間點**：將滑鼠指標移至音訊左或右側，呈 ↔ 狀，左右拖曳即可快速調整音訊開始與結束時間點，將滑鼠指標移至音訊中間呈 ☝ 狀可拖曳音訊至合適時間點擺放。(完成調整後可選按 ▶ 鈕預覽畫面與音訊內容的搭配呈現)

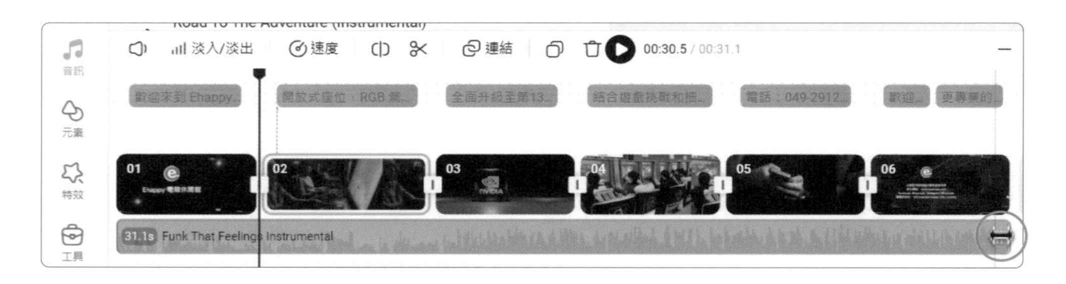

變更背景音樂

如果對 AI 生成的背景音訊不甚滿意，可先刪除後再加入合適的項目。

STEP 01 於時間軸選取音訊，上方選按 🗑 **刪除** (或是按 Del 鍵)，即可刪除已加入的音訊。

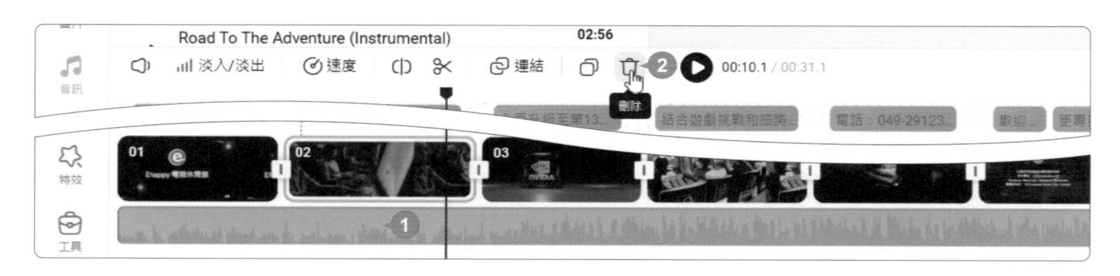

STEP 02 依相同操作方法，於 ♫ **音訊 \ 音樂** 工具面板，選合適的音訊並選按 ➕ **添加到時間線**，將音訊加入至音訊軌。

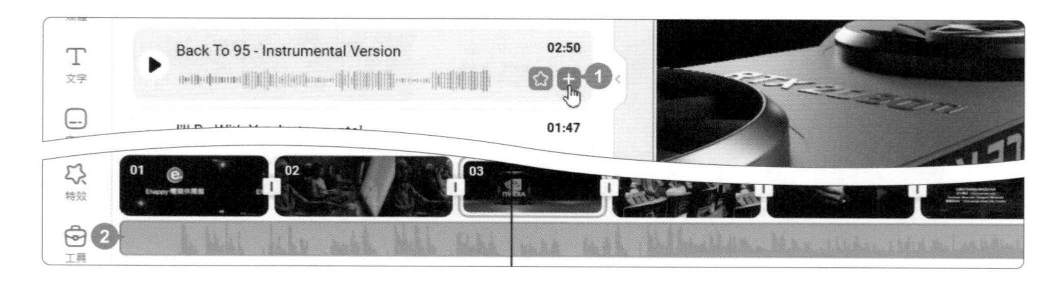

AI 自動生成旁白語音

影片旁白有助於傳達影片內容或是交待劇情，如果不想自己錄製，可以利用 AI 字幕轉語音輕鬆達成。

STEP 01 於時間軸選按任一字幕，即會自動開啟 **字幕** 工具面板，上方選按 **語音** 鈕。

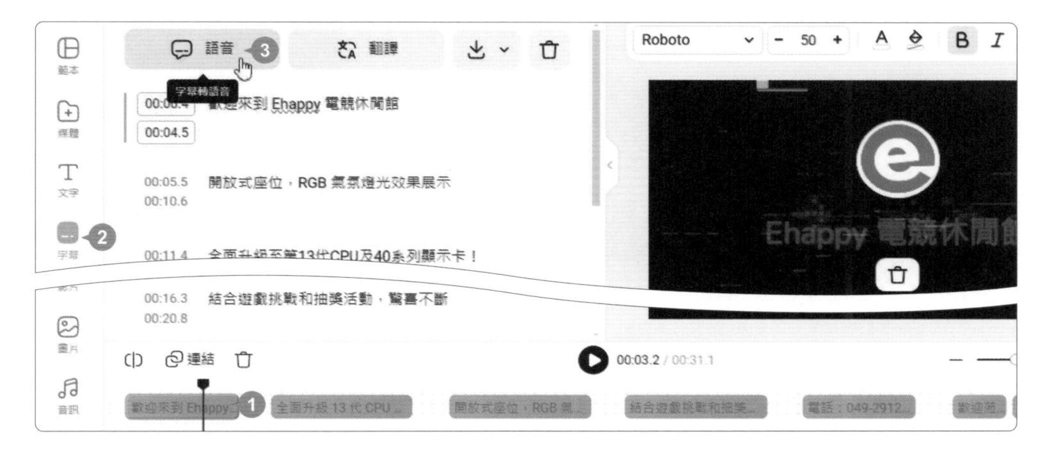

STEP 02 **字幕轉語音** 面板中，首先設定 **語言** 項目，接著選按 **聲音** 清單鈕，選按合適的配音員套用 (選按配音員右側 ▶ 可試聽聲音)。

STEP 03

設定 **語速**、**音高**，確認 **文字** 欄位裡的字幕無誤後，選按 **生成** 鈕。(若需修訂字幕內容，可於左上角選按 ‹ 回到 **字幕** 工具面板，再依 P4-10 的操作說明。)

STEP 04

完成後，會在音訊軌下方產生語音軌，這樣即完成生成旁白語音的操作，最後將時間軸指標拖曳至起始處，再選按 ▶ 瀏覽觀看。

小提示

調整字幕語音

若字幕內容較多，導致語音不符合影片時間長度，就會造成語音片段重疊，造成數個語音會同時出現。

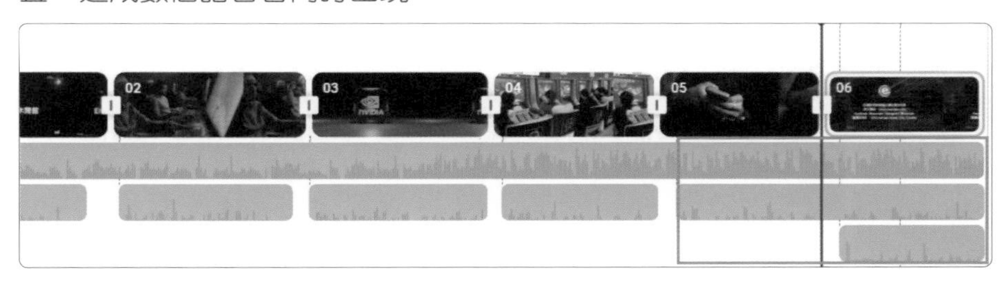

發生這樣狀況時，可參考以下方式處理：

方法一：將滑鼠指標移至影片場景縮圖右側呈 ↔ 狀，拖曳調整場景的時間長度以符合字幕語音的時間長度，讓字幕語音能完整呈現。

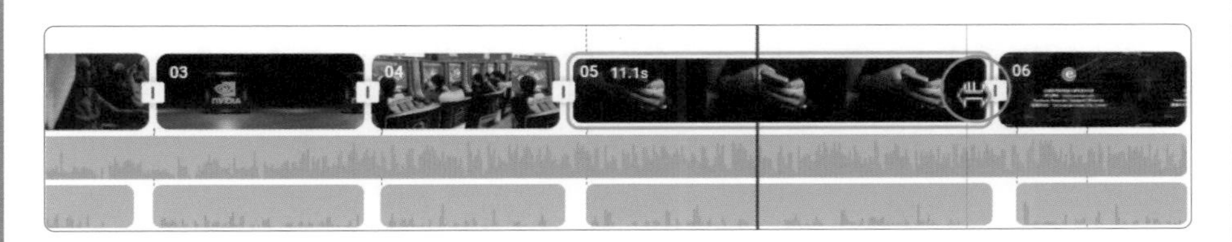

方法二：將滑鼠指標移至字幕語音片段上連按二下滑鼠左鍵，進入 **裁剪** 模式後，將滑鼠指標移至二側 ▯ 上呈 ↔ 狀，左右拖曳即可裁剪需要的片段，按 Enter 鍵完成，再拖曳至影片場景合適時間點即可。

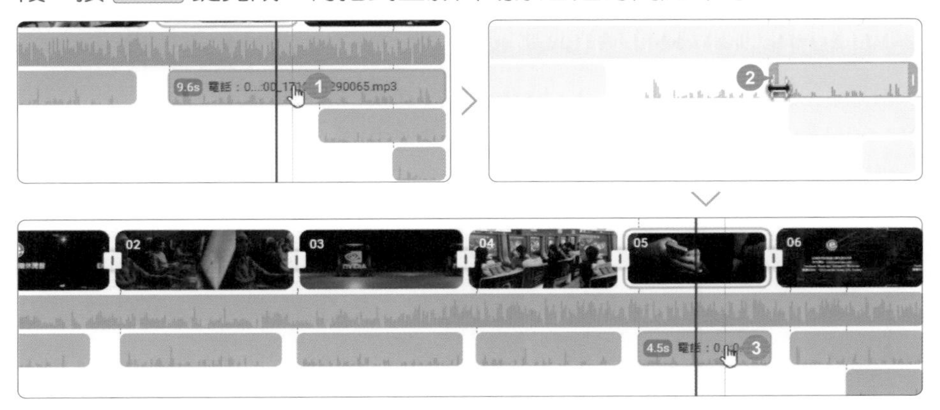

升級影片的音樂質感

當影片同時有背景音樂及旁白 (字幕語音) 時，就需要調整音量，避免聲音互相干擾而影響觀看品質。

調整背景音樂音量

影片中有旁白時，需要將背景音樂的音量降低，以突顯旁白的內容與聲音。

STEP 01 於時間軸選取背景音樂，上方選按 **音訊設定**，拖曳 **音量** 滑桿即可調整背景音樂的大小聲。

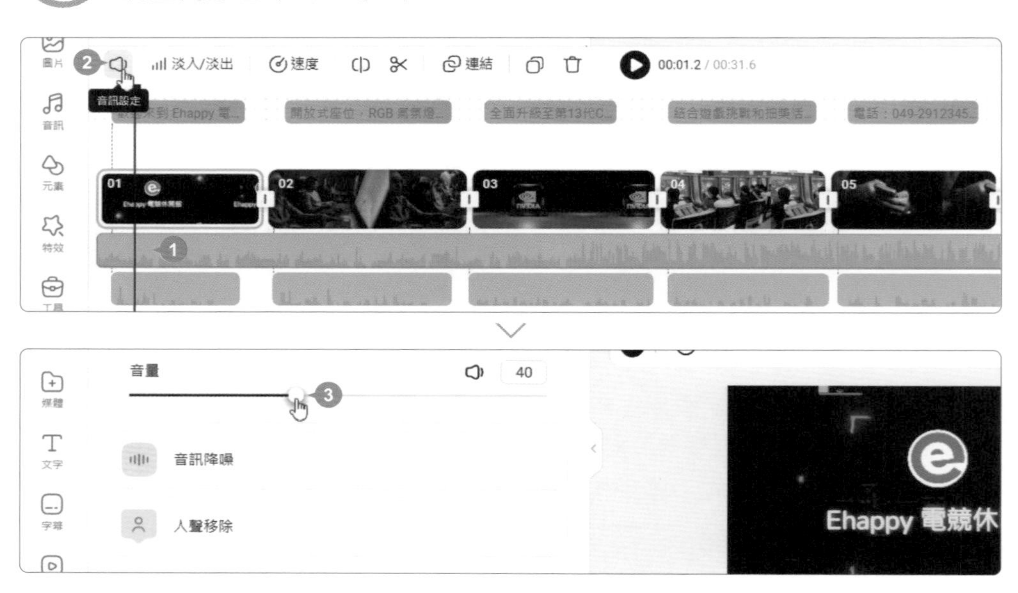

STEP 02 調整好音量後，將時間軸指標拖曳至起始處，再選按 聆聽調整後的結果。(若覺得背景音樂還須調整，可以再重複上步驟的操作。)

背景音樂的淡入、淡出

為背景音樂套用淡入、淡出效果，可以提升觀看的流暢度。

於時間軸選取背景音樂，上方選按 **淡入/淡出**，再拖曳 **淡入**、**淡出** 滑桿，設定合適的時間長度即可。

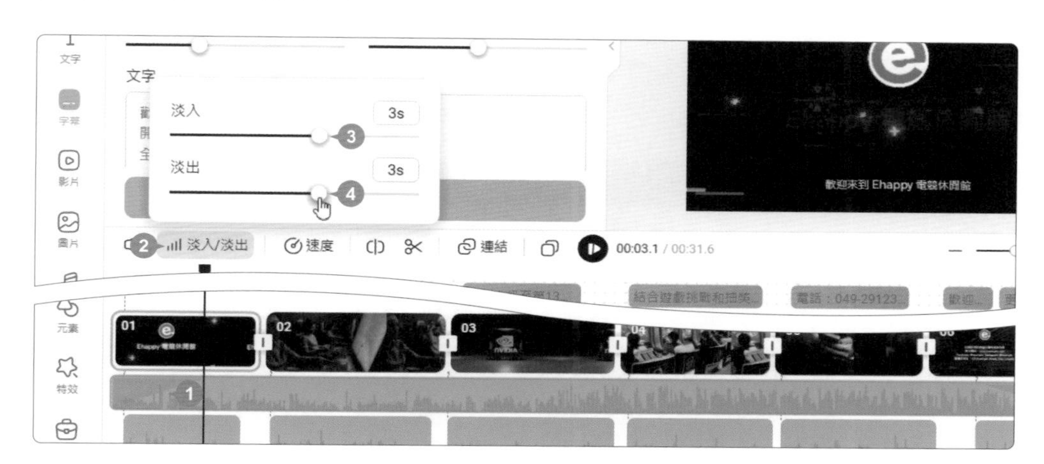

保存並輸出、分享

完成影片的設計後，可輸出並下載 MP4 影片檔，再依需求上傳至欲宣傳的平台，例如：YouTube、Facebook、Instagram...等。

保存專案

FlexClip 編輯過程中，專案會自動儲存於雲端。畫面右上角按鈕呈 **已保存** 狀態，表示目前專案已儲存完成；如呈 **保存** 狀態，表示目前專案尚未儲存，等待一下即會呈 **已保存**，或可選按 **保存** 鈕，將專案儲存至雲端。

輸出影片

完成整部影片的剪輯與設計後，可以將影片輸出分享。

STEP 01 畫面右上角選按 **輸出** 鈕，於 **影片** 標籤設定 **解析度**、**幀率**、**品質**，最後選按 **帶浮水印輸出** 鈕 (付費帳號可使用 **去除浮水印** 鈕)。

STEP 02 輸出完成後，選按欲分享的社群平台圖示，再依指示完成登入後即可分享；下載完成，可於瀏覽器工具列選按下載圖示，即可開啟資料夾看到影片檔；也可開啟 **分享連結**，直接複製連接分享。

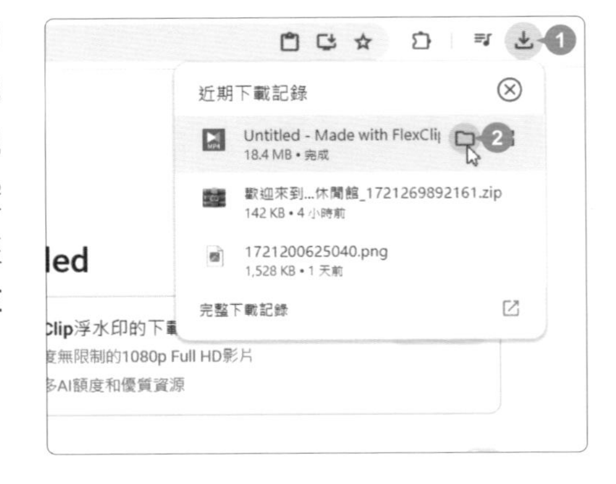

Part 05

高效能 AI 全方位簡報設計

Gamma 是一款簡單易用的簡報設計工具，利用 AI 技術，能自動生成圖文並茂的專業簡報，不僅支援上傳檔案，還能處理大量文字內容，精準分配段落，智能判斷分頁方式。其強大的 AI 工具能快速生成圖片和版面設計，是高效工作的好夥伴。

用 AI 快速生成簡報提高工作效率

使用 AI 工具生成簡報顯著提高工作效率，不僅能大幅縮短製作時間，還能自動生成文案內容並設計圖文布局。

打造具有吸引力的行銷簡報

打造具有吸引力的行銷簡報需要結合視覺效果、內容和結構，確保你的信息清晰且令人信服。以下是一些關鍵步驟和建議：

- **了解目標受眾**：確定你的目標受眾，包括他們的需求、期望和痛點，根據受眾的特點和興趣調整簡報的語調和內容
- **清晰的結構**：確保簡報有明確的結構和邏輯，使觀眾易於跟隨傳達內容。
- **簡潔的文字與圖表**：使用簡潔又具有吸引力的文字，或是將冗長的文章轉化為圖表，讓觀眾能夠快速理解。
- **使用引人注目的圖像**：上傳圖片或於網路搜尋合適的圖片，或使用 AI 生成更有多種風格的圖像。使簡報生動有趣，強化行銷訊息。
- **增添動態內容**：上傳動態影片，或連結各網路平台合適的內容，有效展示產品功能和品牌價值。

Gamma 革命性的 AI 簡報設計工具

- **快速生成與靈活編輯**：Gamma 是一款強大的 AI 簡報工具，藉由智能生成簡報內容、圖片以及編輯頁面，快速完成簡報投影片的設計與製作。能大幅縮短製作時間，在完成簡報初稿與各頁面設計後，還可以依需求調整或變更內容。
- **高效展示與精準分析**：完成的簡報可以匯出成 PDF / PPT 格式，或使用線上播放來展示簡報，Gamma 還提供完整的瀏覽數據分析，幫助使用者了解簡報的受眾反應，進行檢討和改進。這些功能讓使用者能夠更有效地分享和展示簡報，提升簡報的影響力和效果。

Gamma AI 簡報的製作流程

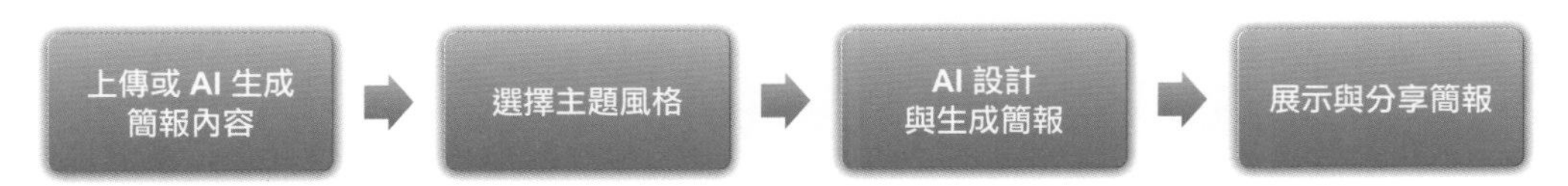

- **上傳或 AI 生成簡報內容**：可以直接輸入文字或上傳 Word、PowerPoint、Google 簡報或 Google 文件檔，由 Gamma 的 AI 自動分析這些資料，並生成初步的簡報內容。
- **挑選主題風格**：Gamma 提供 **深色**、**細**、**專業**、**多彩**...等多種主題風格，根據簡報的用途和受眾選擇最適合的風格，讓簡報更具個性化和專業度。
- **AI 設計與生成簡報**：選定主題風格生成簡報後，可以依需求插入物件、連結...等，也可以修改版型，使用 AI 生圖讓簡報充滿創意和視覺效果。
- **展示與分享簡報**：將完成的簡報展示播放，也可以下載 PowerPoint 、PDF...等檔案格式，或是透過連結分享。

Gamma AI 高效簡報工具

Gamma AI 生成簡報有以下幾種方法：

- **貼上文字**：將已整理完成的大綱規劃或以 ChatGPT 生成文案，輕鬆打造內容豐富的簡報，詳細操作參考 TIP 4 說明。
- **產生**：只需要確定主題方向與所需頁數，即可輕鬆以 AI 快速生成簡報大綱完成圖文並茂的簡報，詳細操作參考 TIP 3 說明。
- **匯入檔案**：可以直接匯入本機或線上支援的檔案，轉換後自動搭配圖片、背景...等，快速完成一份簡報，詳細操作參考 TIP 5 說明。

用 Gamma 輕鬆建立簡報

Gamma 提供設計建議和內容優化，簡化了簡報製作過程，使你能輕鬆、高效地建立專業簡報。

免費線上簡報 AI 生成編輯器

Gamma 以一頁式的內容編排方式讓操作更直覺、好整理，結合 AI 快速生成圖片和內容。支援中文介面，提供大量版面配置與素材可運用且完全免費。用戶也可以選擇付費訂閱升級方案，以取得更多的服務項目，例如：發布至自訂網域、自訂字型、沒有浮水印...等。

	免費方案	Plus 方案	Pro 方案
費用	$ 0 / 年	$ 96 / 年	$ 180 / 年
AI 生成	註冊時可獲得 400 點 AI 點數	無限 AI 使用	無限 AI 使用
產生卡片	最多產生 10 張卡片	最多產生 15 張卡片	最多產生 30 張卡片
AI 生圖模型	基礎生圖模型	基礎生圖模型	進階生圖模型
其他	PDF 匯出 (含浮水印) PPT 匯出 (含浮水印)	PDF 匯出 (無浮水印) PPT 匯出 (無浮水印)	PDF 匯出 (無浮水印) PPT 匯出 (無浮水印) 發佈至自訂網域 自訂字型 詳細分析 密碼保護

更詳盡的方案和定價說明，請參考 Gamma 官網：「https://gamma.app/zh-tw/pricing」。(此資訊以官方公告為準)

註冊並登入 Gamma 帳號

開啟瀏覽器，在網址列輸入：「https://gamma.app/」進入 Gamma 首頁，畫面中選按 **Sign up for free**。

選擇要註冊的方式，在此選按 **Continue with Google** 鈕，再選擇欲註冊的帳號，並依步驟完成登入，最後再選按 **繼續** 鈕完成註冊。

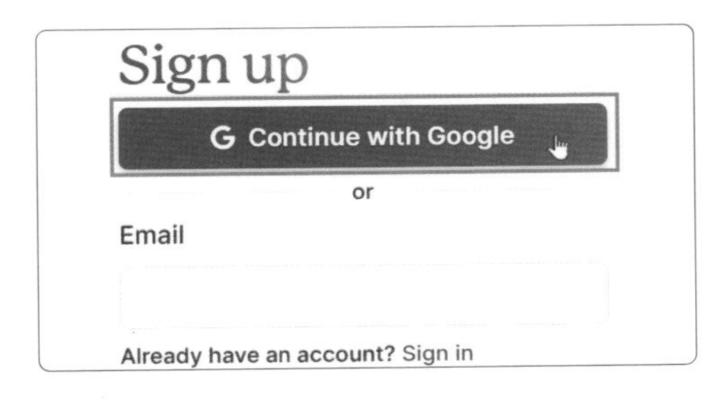

接著會要求建立工作區，選按 **個人** 或 **團隊或公司** (在此示範 **個人**)，輸入 **工作區名稱** 後，選按 **建立工作區** 鈕；最後核選用途項目及回答相關問題，選按 **開始使用** 鈕即可。

認識 Gamma 首頁畫面

初次註冊完成會直接進入 **使用 AI 建立** 簡報的畫面，在此先選按畫面左上角 **首頁** 鈕。

在開始操作先了解一下 Gamma 的首頁畫面：

以主題與關鍵字自動生成簡報

利用 Gamma AI 高效簡報工具中的：**產生**，只需要確定主題方向與所需頁數，即可輕鬆完成圖文並茂的簡報。

AI 快速生成簡報大綱

於首頁側邊欄選按 **所有 gammas**，選按 **+ 新建** 鈕，再選按 **產生**。

選按 **簡報內容**，於下方設定要製作的簡報卡片數 (頁數) 與語言，接著輸入簡報主題方向，選按 **產生大綱** 鈕。(免費帳號每次製作簡報消耗 40 點額度，每次最多可生成 10 張卡片。)

編輯大綱內容或調整卡片順序

可看到會自動根據剛剛設定的提示詞、卡片數與語言，自動生成一張張卡片，組成簡報的大綱。

於要變更的大綱文字上，按一下滑鼠左鍵顯示輸入線後，再輸入或刪除文字即可。

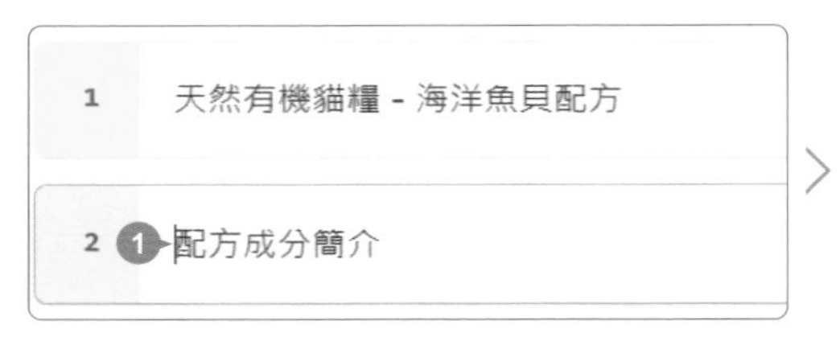

STEP 02 將滑鼠指標移到卡片左側淺藍色區塊上呈 ✋ 狀，按住滑鼠左鍵向上或向下拖曳即可調整卡片順序。

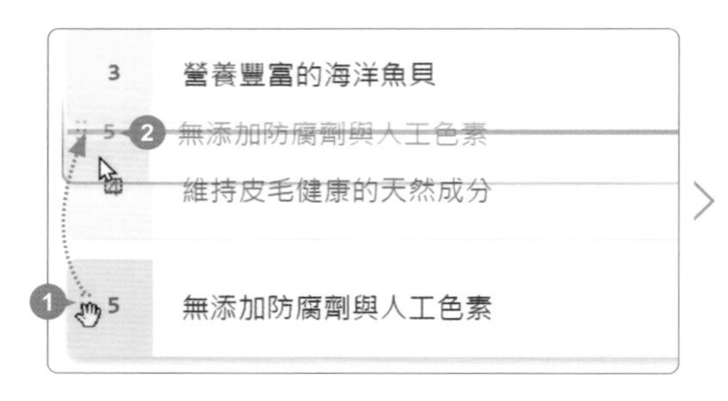

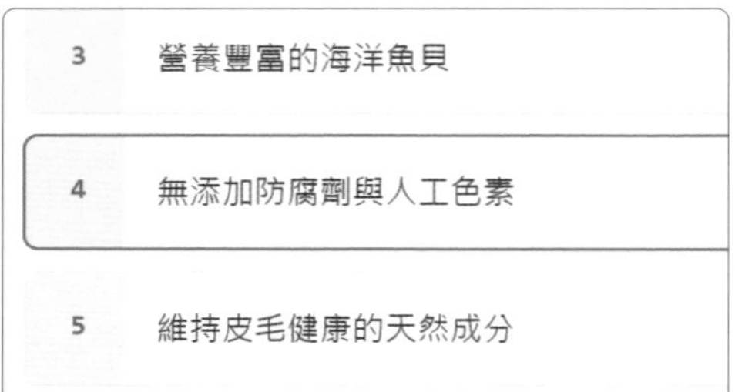

新增或刪除指定的大綱卡片

將滑鼠指標移到二張卡片中間，選按 ➕，可新增卡片；若要刪除卡片，則可以於卡片右側選按 🗑，即可刪除該卡片。

於大綱區段最下方選按 **新增卡片** 鈕，也可新增一張卡片。

5 維持皮毛健康的天然成分

6 適合各年齡段貓咪的均衡營養

7 提供全方位的營養照護

8 讓貓咪健康活力滿滿

＋ 新增卡片

總共 8 張卡片 繼續 40 →

設定文字量與圖片來源

調整完成後，畫面下方 **設定** 區段可設定簡報細節，依需求設定相關項目，或是依預設狀態直接生成簡報，選按 **繼續** 鈕。(生成簡報後才會扣除點數)

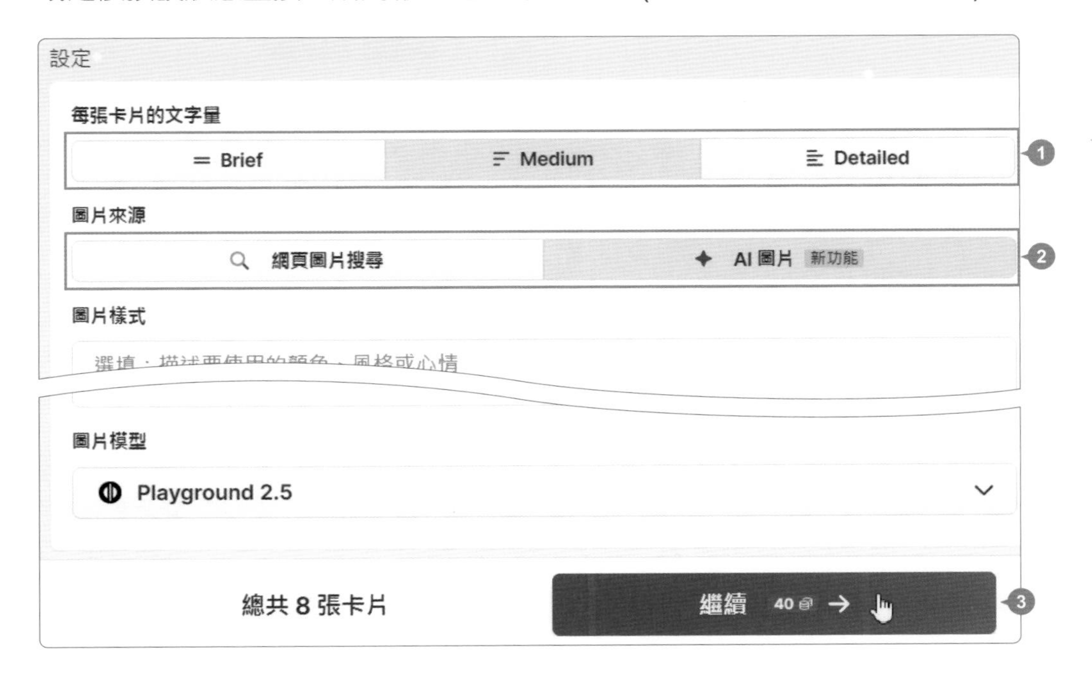

挑選主題並生成簡報

主題預覽頁面右側可先依簡報風格選按類型：**深色**、**細**、**專業**、**多彩** (可複選)，再於下方選按主題套用；左側會顯示主題的預覽畫面，選定主題後選按 **產生** 鈕會開始生成簡報。

完成 AI 簡報的初稿與設計後，可於畫面左上角選按簡報名稱，顯示輸入線後變更為合適名稱，再按 Enter 鍵完成簡報名稱的命名並會自動儲存；後續可以利用 Gamma 的簡報編輯工具進行調整，讓簡報更符合需求和預期效果。(詳細操作參考 TIP 6 說明)

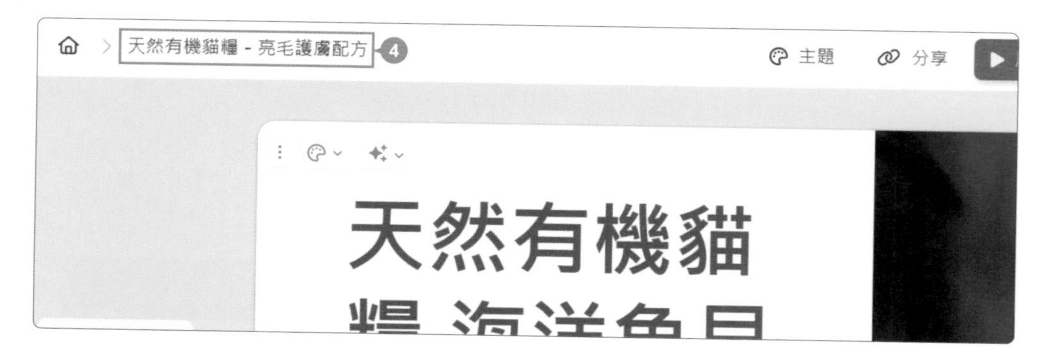

以 ChatGPT 文案生成簡報

利用 Gamma AI 高效簡報工具中的：**貼上文字**，搭配 ChatGPT 生成文案，快速省時，輕鬆打造內容豐富的簡報。

以 ChatGPT 生成文案

將簡報內容的主題、頁數、語言、段落層級...等資訊，利用 ChatGPT 生成並要求以 Markdown 語法標註標題與段落：

提示詞指令：請以 "描述標題" 生成 頁數 簡報重點，使用 Markdown 語法排版，用 語言 顯示，可用格式包括 格式語法。

Prompt

請以"天然有機貓糧洋魚貝 亮毛護膚配方"生成八頁簡報重點，使用Markdown語法排版，用繁體中文顯示，可用格式包括 #heading1##heading2-Item1 -Item2 -Item3，每頁之間以 --- 區隔。

請以"天然有機貓糧洋魚貝 亮毛護膚配方"生成八頁簡報重點，使用Markdown 語法排版，用繁體中文顯示，可用格式包括 #heading1##heading2-Item1-Item2 -Item3，每頁之間以 --- 區隔。

好的，我會幫您生成這份簡報大綱。以下是使用Markdown語法排版的八頁簡報重點：

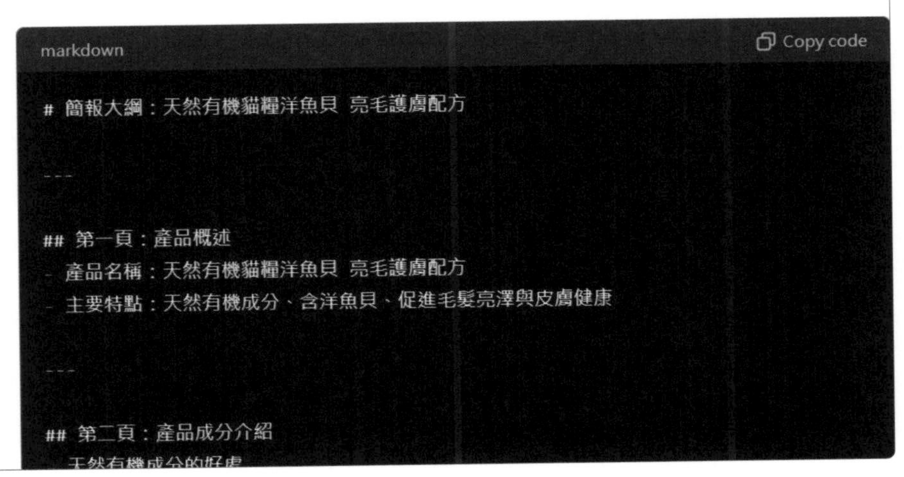

STEP 02 完成後，於 Markdown 語法框右上角選按 **Copy code** 複製內容。

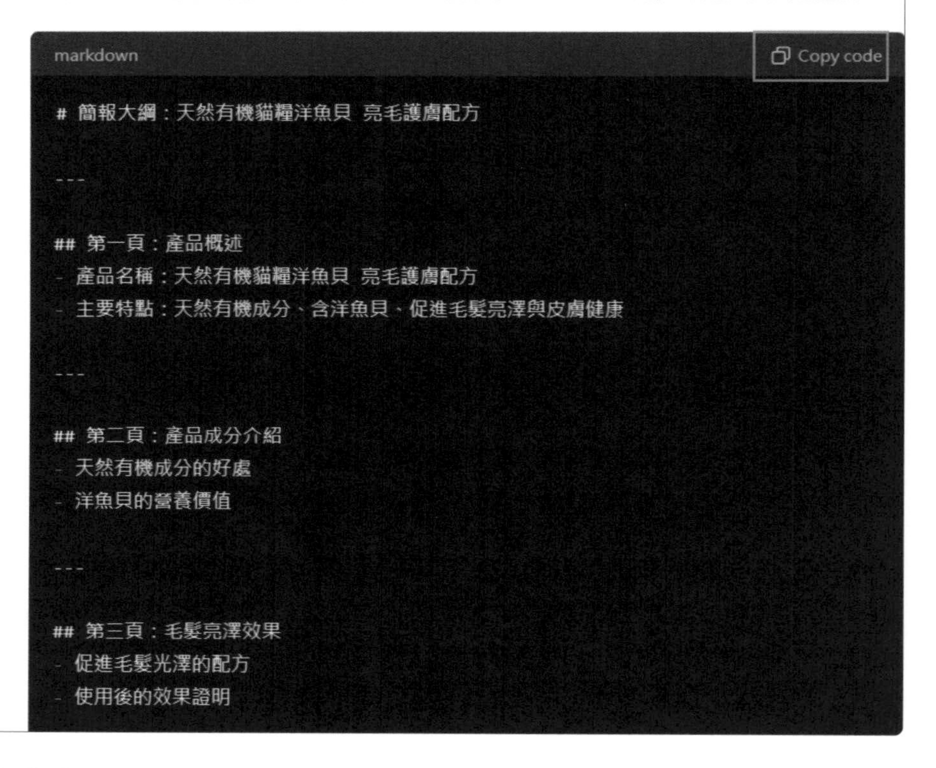

小提示

Markdown 語法說明

Markdown 是一種輕量級標記語言，用於簡單而清晰地撰寫格式化文件，在 Markdown 中，可以使用以下方式來表示標題、項目和分段：

heading1：表示標題一。

heading2：表示標題二。

heading3：表示標題三。

- Item1, - Item2, - Item3：分別表示項目符號格式。

---：表示水平分隔線，用來區分不同部分的內容。

用文字快速生成簡報

STEP 01 於首頁側邊欄選按 **所有 gammas**，選按 **+ 新建** 鈕，再選按 **貼上文字**。

STEP 02 於下方欄位按一下滑鼠左鍵顯示插入點後，按 Ctrl + V 鍵貼上 ChatGPT 生成的文字內容 (若有開場或不需要的文字可刪除)，接著於下方選按 **簡報內容** 及 **繼續** 鈕。

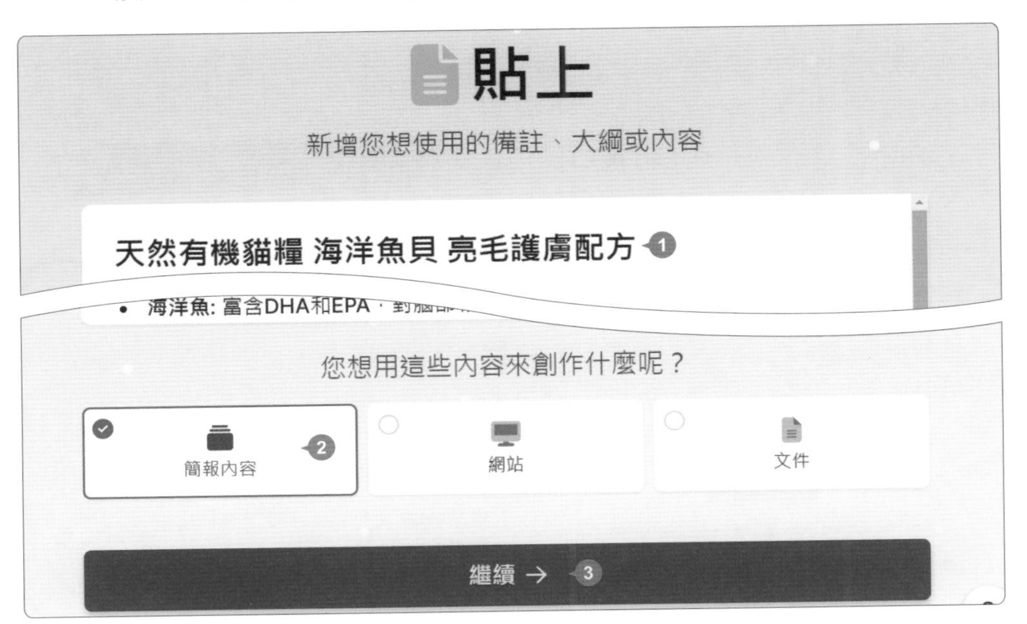

設定文字內容與字數，例如：想要縮短文字且精簡，可設定 **文字內容**：**緊縮**；若要每張卡片的文字字數適用於分享及呈現，可設定 **每張卡片的最大文字數**：**中等**。(將滑鼠指標移至項目上，即可看到該項設定的說明。)

由於 ChatGPT 生成文字內容時已加入 --- (水平分隔線，用來區分不同部分的內容)，所以預設即會以 **逐卡片** 模式呈現大綱，且依 --- 符號分頁。(**自由格式** 模式則會將 --- 視為一般文字)

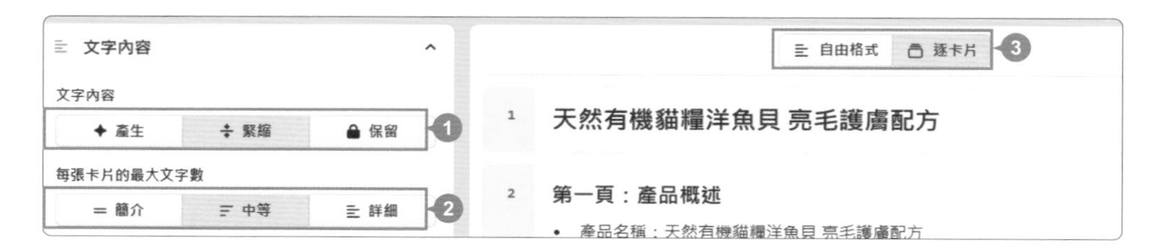

確認相關設定及大綱內容沒問題後，選按 **繼續** 鈕，再依步驟完成挑選主題、產生簡報及簡報名稱的命名並會自動儲存；後續可以利用 Gamma 的簡報編輯工具進行調整，讓簡報更符合需求和預期效果。(詳細操作參考 TIP 6 說明)

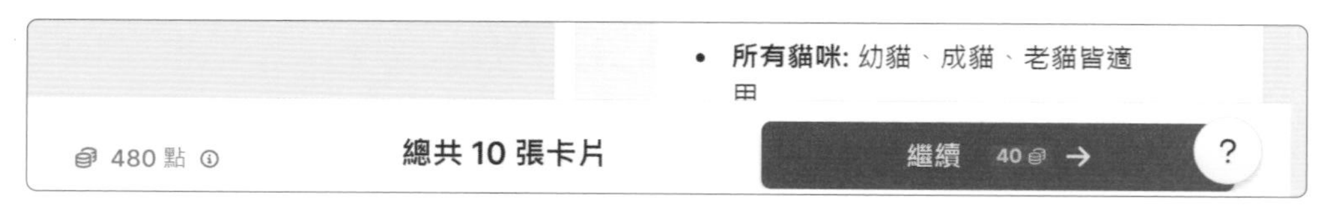

小提示

新增卡片或刪除卡片

將滑鼠指標移到二張卡片中間，選按 ⊞，可新增卡片；若要刪除卡片，則可以於卡片右側選按 🗑，即可刪除該卡片。

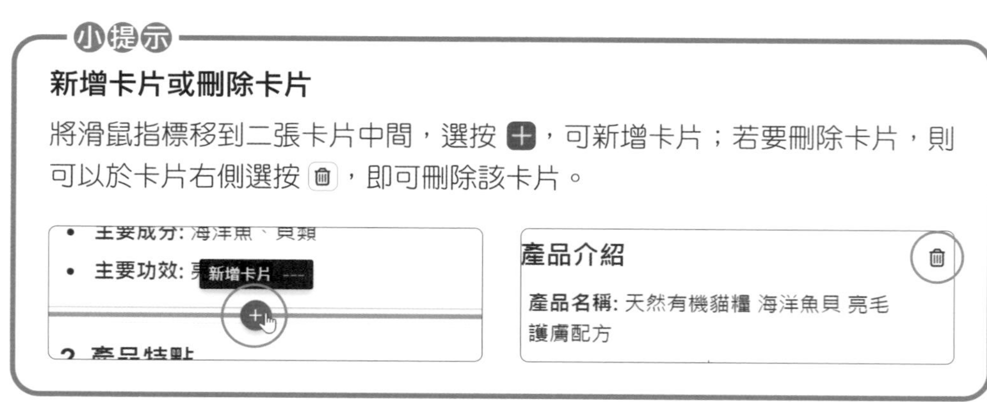

以匯入檔案生成簡報

應用 Gamma AI 高效簡報工具中的：**匯入檔案**，可以直接匯入本機或線上支援的檔案，轉換後自動搭配圖片、背景...等，快速完成一份簡報。

STEP 01 於首頁側邊欄選按 **所有 gammas**，選按 **+ 新建** 鈕，再選按 **匯入檔案**。

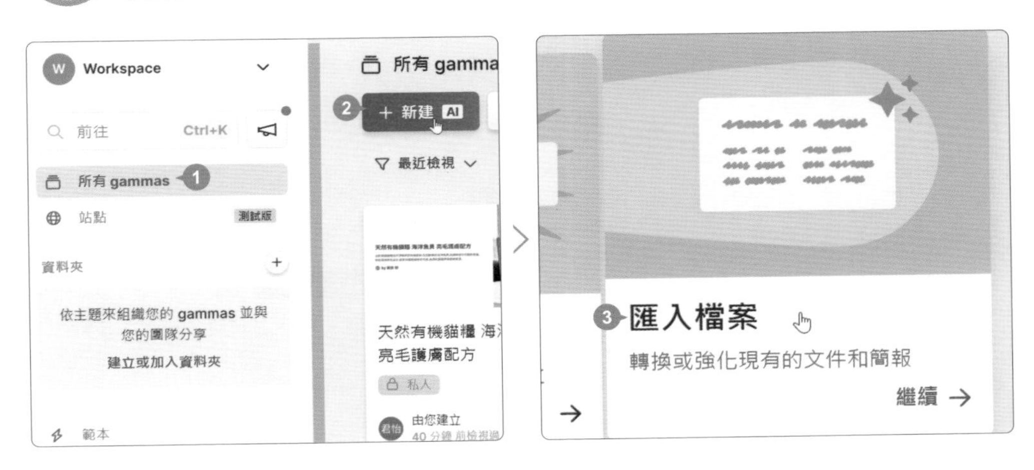

STEP 02 有三種匯入類型，再此示範上傳本機檔案。選按 **上傳檔案** 開啟對話方塊，於本機選擇欲上傳的檔案 (在此示範 Word 檔)，再選按 **開啟** 鈕。

STEP 03 檔案上傳完成後選按 **簡報內容**，再選按 **繼續**。

STEP 04 選按 **逐卡片**，畫面上方會出現 **要將內容分割成多張卡片嗎?**，選按 **是，替我分割** 鈕，讓 Gamma 自動分頁。

小提示

沒有出現自動分割的提示！

若是沒有出現自動分割的提示時，可在選按 **逐卡片** 標籤後，於右側選按 ✂ **使用 AI 分割卡片** 鈕，要求自動分割卡片。

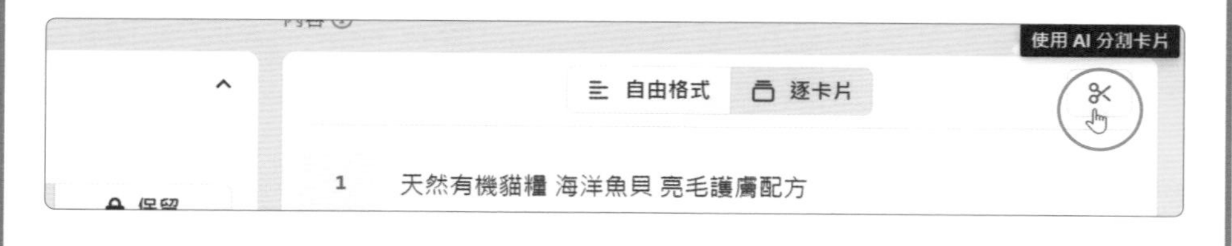

若是要取消所有分割產生的卡片，可在選按 **逐卡片** 標籤後，於右側選按 **刪除休息時間**，所有內容則會整合在一張卡片中。

小提示

手動分割卡片

自動分割好的頁面不正確或是想手動分割卡片，可依以下操作說明：

於要分割的卡片段落後方，按一下滑鼠左鍵顯示輸入線，再按 Enter 鍵換行，接著輸入「---」，即可分割卡片。

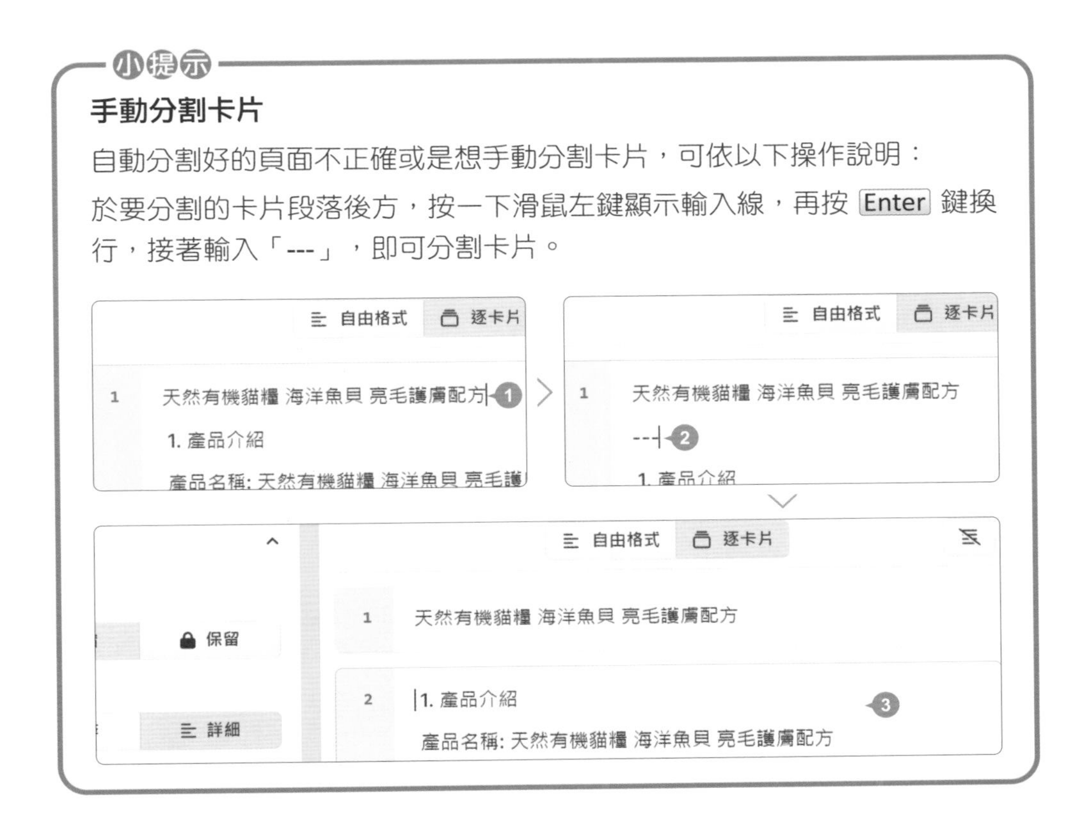

STEP 05 確認相關設定及大綱內容沒問題後，選按 **繼續** 鈕，再依步驟完成挑選主題、產生簡報及簡報名稱的命名並會自動儲存；後續可以利用 Gamma 的簡報編輯工具進行調整，讓簡報更符合需求和預期效果。(詳細操作參考 TIP 6 說明)

用簡報編輯工具進階設計

AI 生成簡報的初稿與各頁面設計後，可以利用 Gamma 的簡報編輯工具進行調整，讓簡報更符合需求和預期效果。

認識 Gamma 簡報專案編輯畫面

在開始操作先了解一下 Gamma 的編輯畫面：

開啟已生成的檔案

於首頁側邊欄選按 **所有 gammas**，接著選按想要編輯的簡報專案縮圖，即可進入專案編輯畫面。

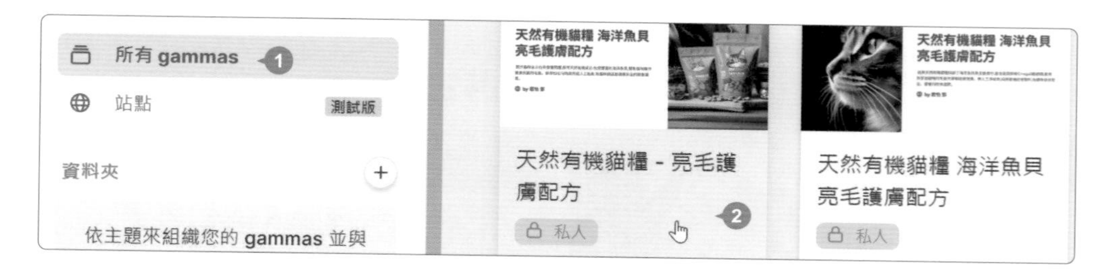

複製、刪除或修改簡報名稱

於首頁要變更或刪除的簡報縮圖右下角選按 ⋯，清單中即可選擇簡報重新命名、複製、傳送至垃圾桶...等功能。

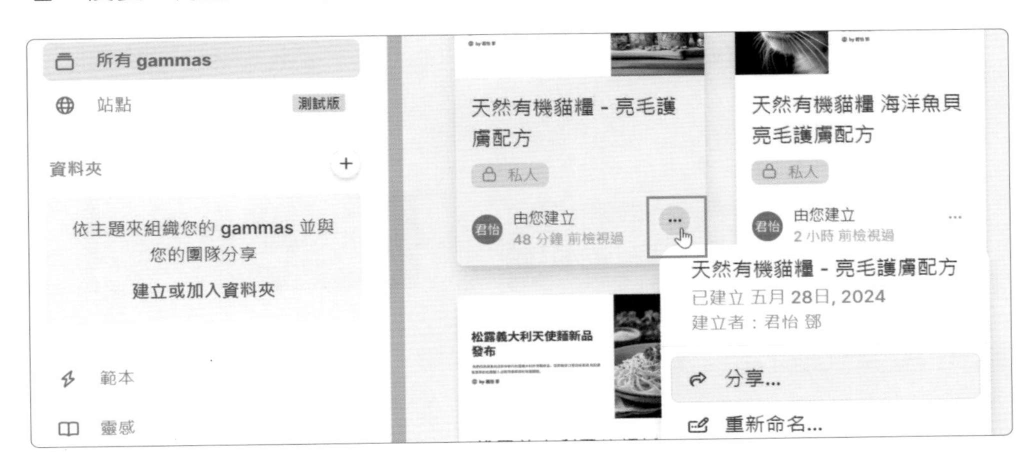

小提示

永久刪除垃圾桶內的簡報

於首頁側邊欄選按 **垃圾桶**，於欲刪除的簡報選按 ⋯ \ **永久刪除**，再選按 **永久刪除** 即可。

修改文字與格式

於簡報專案編輯畫面，將滑鼠指標移至文字段落上，按一下滑鼠左鍵產生輸入線即可調整文字內容。於文字段落左側選按 ⋮ 或拖曳選取部分文字，可藉由快速工具列套用文字樣式，或是修改文字顏色、粗體、斜體...等格式相關設定。

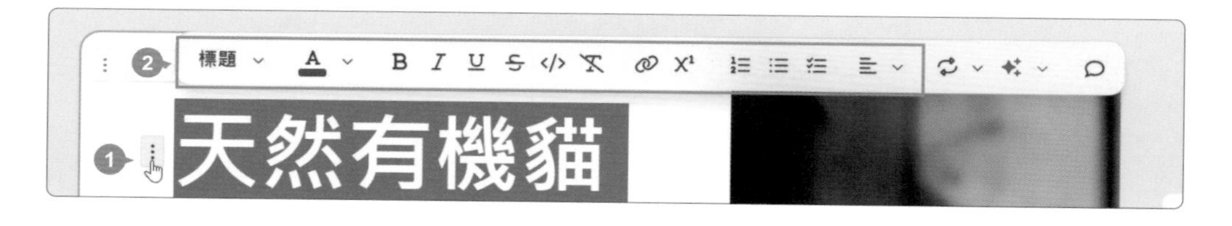

利用 AI 調整指定文句的寫作方式

於簡報專案編輯畫面，使用 **AI 編輯** 功能可針對指定的簡報文句調整為更具吸引力、摘要內容加長、冗長文字變的簡潔。

STEP 01 將滑鼠指標移至文字段落上，於左側選按 ⋮ 或拖曳選取部分文字，快速工具列選按 ✦ **使用 AI 編輯**，清單中選按要使用的 AI 重新措辭功能即可。(使用此功能每次會自動扣除 10 點)

STEP 02 會開啟右側聊天窗格，選擇合適的建議項目後，自動調整簡報中的文字內容、格式。(可於聊天窗格中選按 **建議** 或 **原始** 瀏覽調整前後的差異)。

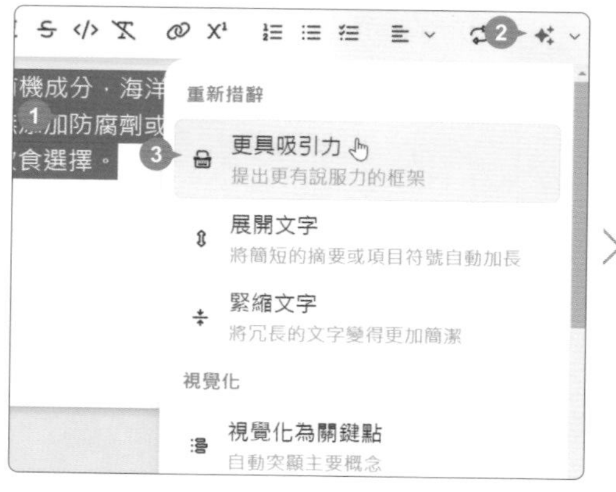

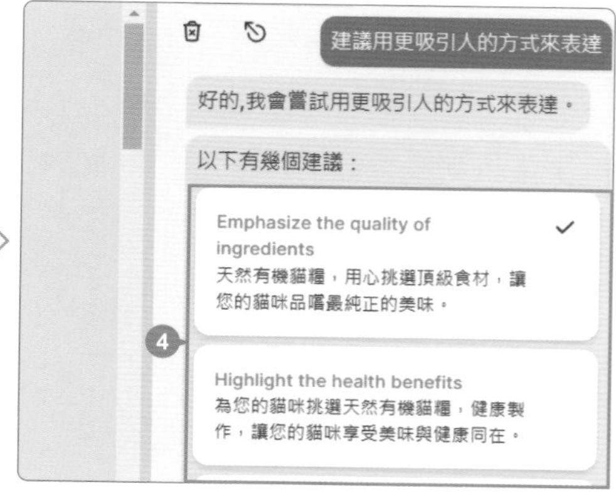

利用 AI 調整所有文句的寫作方式

於簡報專案編輯畫面，透過 **使用 AI 編輯** 功能，也能針對整張卡片所有文句的措辭調整。

要調整的卡片左上角選按 **使用 AI 編輯**，清單中選按想要調整的寫作方式，或是在對話欄位輸入需求，再按 Enter 鍵。(使用此功能每次會自動扣除 5 點)

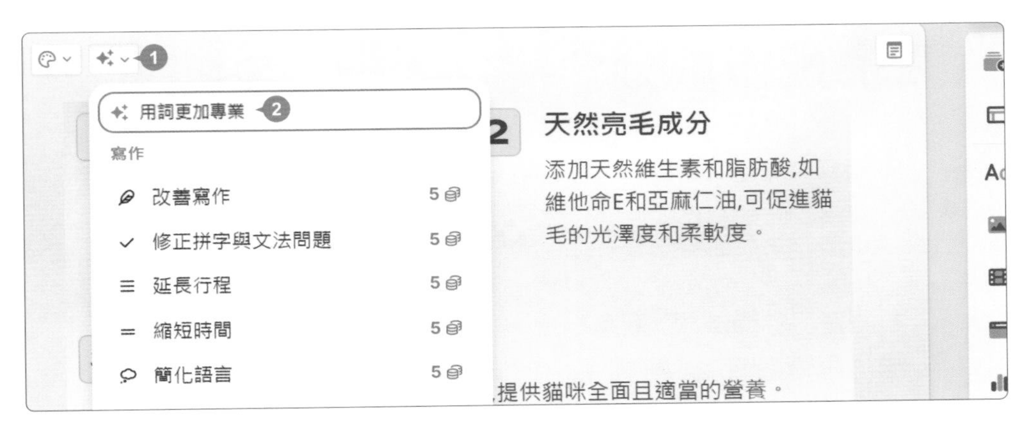

完整調整後，卡片上方選按 **建議** 或 **原始** 瀏覽調整前後的差異，選按 **再試一次** 可重新生成或調整布局，確認最終調整的結果後，選按 **完成編輯**。

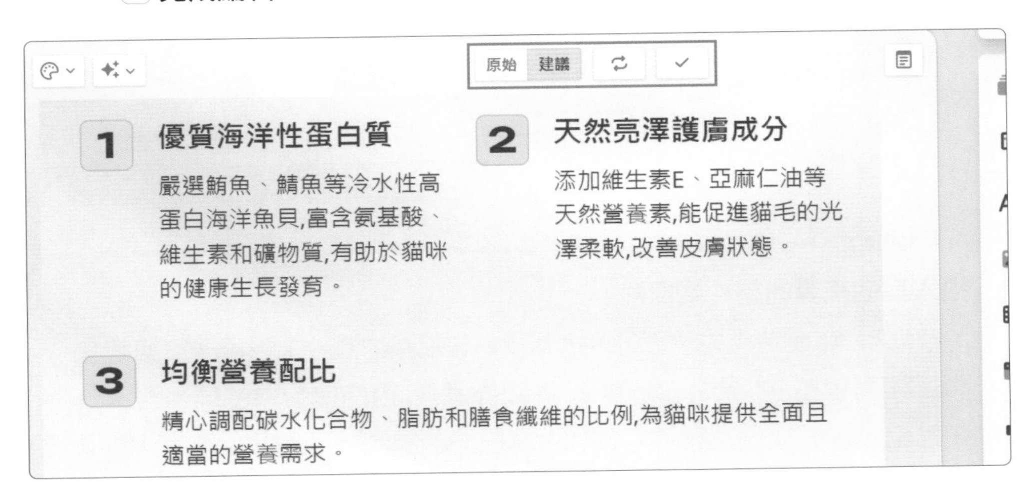

插入 AI 圖片

於簡報專案編輯畫面，可使用 **AI 圖片** 功能於卡片中生成合適的圖片。

於卡片右側簡報編輯工具列選按 **圖片**，拖曳 **AI 圖片** 至卡片中要擺放的位置 (在此擺放於標題文字右側)。

STEP 02

右側會自動開啟 **媒體** 窗格，圖片來源設定為 **AI 圖片**，修改 **提詞** 後，選擇 **樣式**、**長寬比**、**模型**，接著選按 **Generate** (或 **產生**) 鈕，即可生成圖片。(使用此功能每次會扣除 10 點)

小提示

插入其他來源的圖片或影片

除了插入 AI 圖片生成，也可以插入設備或網路的圖片、影片。於簡報編輯工具列選按 **圖片** 或 **影片和媒體**，再拖曳合適的項目至卡片中，依步驟完成指定與插入即可。

生成後於右側窗格選按合適的圖片，再選按右上角的 ⊠ **關閉**，即可看到圖片已插入卡片中的預定位置。

選取圖片，再將滑鼠指標移到圖片四周控點上呈 ⇔ 狀時，按住拖曳可等比例縮放圖片大小，於快速工具列選按合適的對齊方式 (☰ **靠右對齊**、☰ **靠中對齊**、☰ **靠左對齊**)，將滑鼠指標移到欄位分隔線呈 ⇹ 狀，按住拖曳可調整欄位至合適大小。

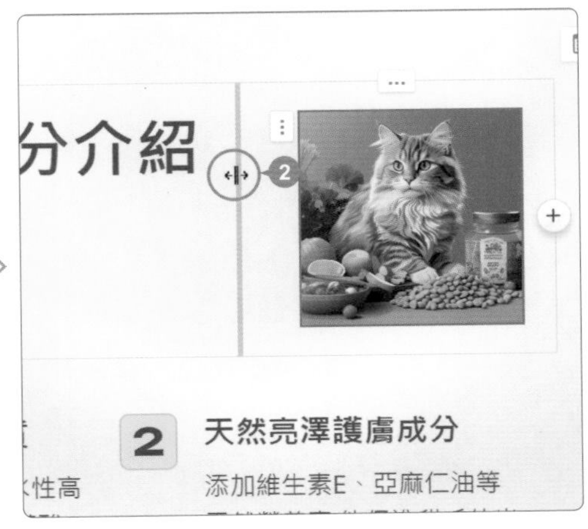

小提示

變更 AI 生成的圖片

想變更插入的圖片，可在選擇圖片後，快速工具列選按 ✎ **編輯** 開啟右側窗格，可重新生成圖片，或是替換之前已生成好的圖片。

新增空白卡片

於簡報專案編輯畫面，可新增空白卡片，將滑鼠指標移到要插入卡片的位置，選按 + **新增空白卡片**，就會於該位置插入一張空白卡片 (插入後仍可於卡片中選擇是否套用範本)。

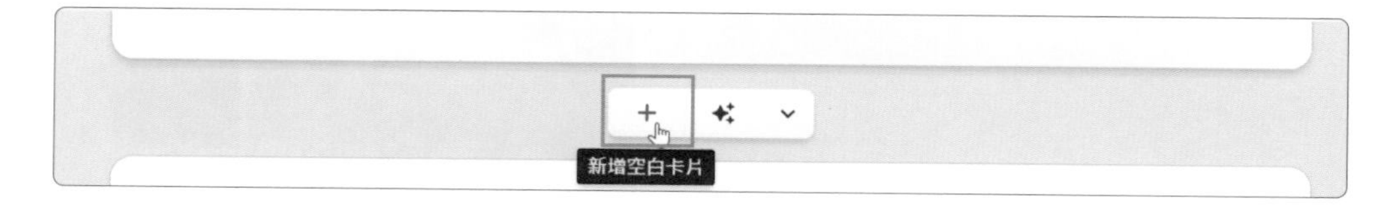

透過 AI 新增卡片

於簡報專案編輯畫面，可利用 AI 新增一張有內容並可選擇套用自動生圖、時間軸或項目排列範本的卡片。

將滑鼠指標移到要插入卡片的位置，選按 ✦ **透過 AI 新增卡片**。

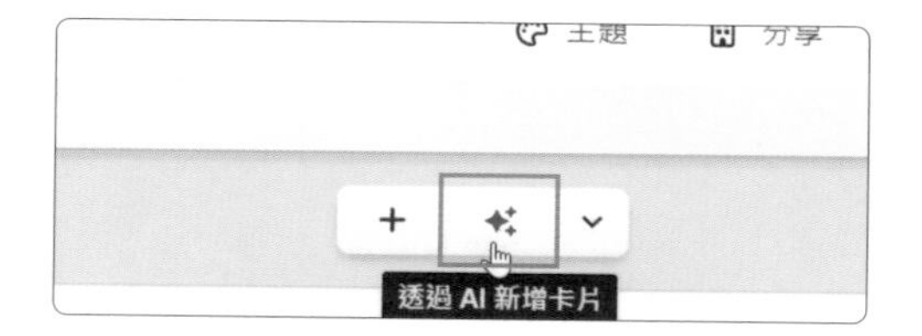

STEP 02

產生卡片 輸入卡片內容的提示詞，設定語言，並在 **選擇範本** 中選按合適的樣式，選按 ◢ 生成一張有內容並套用範本的卡片 (使用此功能每次會自動扣除 5 點)。

確認生成後的卡片內容沒有問題後，選按 ☑ 鈕即完成。(若覺得不滿意可選按 ⟳ 鈕重新生成，或是利用卡片左上角的 **使用 AI 編輯** 功能調整卡片內容。)

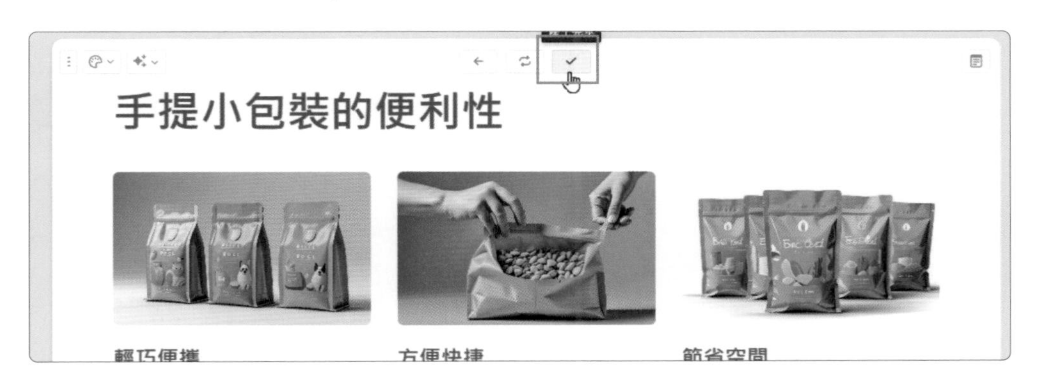

從範本新增卡片

於簡報專案編輯畫面，可以從內建範本中直接新增卡片，將滑鼠指標移到要插入卡片的位置，選按 ⌄ **從範本新增**，清單中選按合適的範本即可。

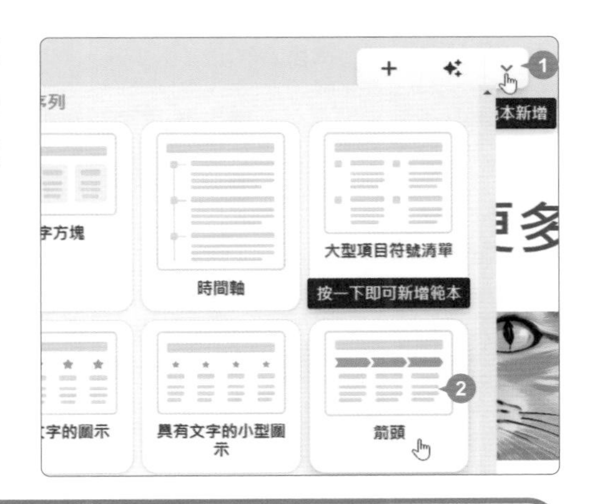

小提示

從側邊工具新增範本卡片

除了以上述方式新增範本卡片外，也可以於右側簡報編輯工具列選按 **卡片範本**，再拖曳合適範本至要插入卡片的位置即可。

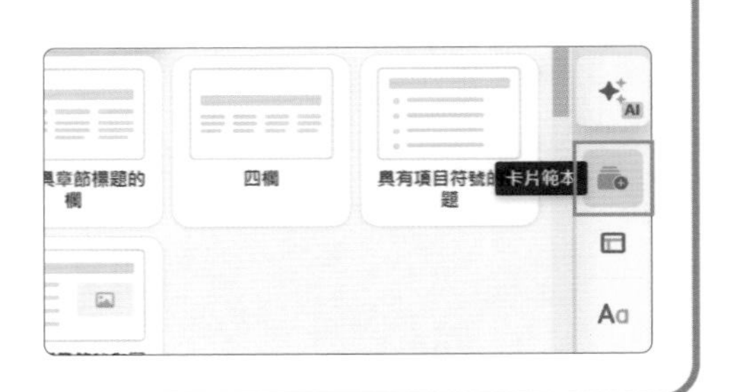

複製單張卡片

於簡報專案編輯畫面，要複製的卡片左上角選按 ⋮ \ 複製卡片，即可複製此張卡片內容並插入至下方，成為下一張卡片。

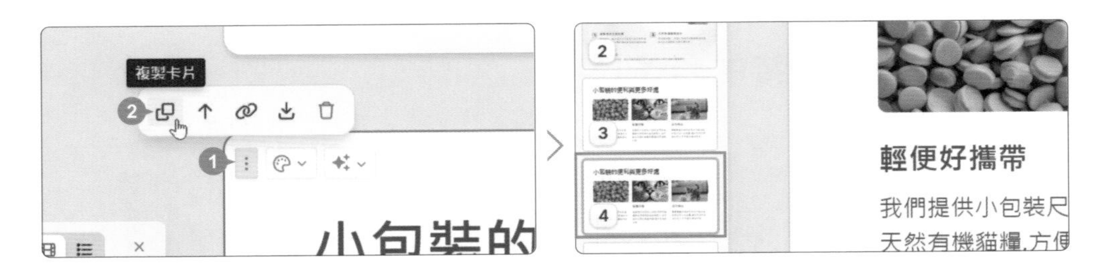

複製多張卡片

於簡報專案編輯畫面，可一次複製多張卡片，左側 **膠片檢視** 按著 Ctrl 鍵不放一一選按要複製的多張卡片，再按 Ctrl + C 鍵複製，接著選按要貼上的位置 (會插入到所選取的卡片下方)，按 Ctrl + V 鍵即可。

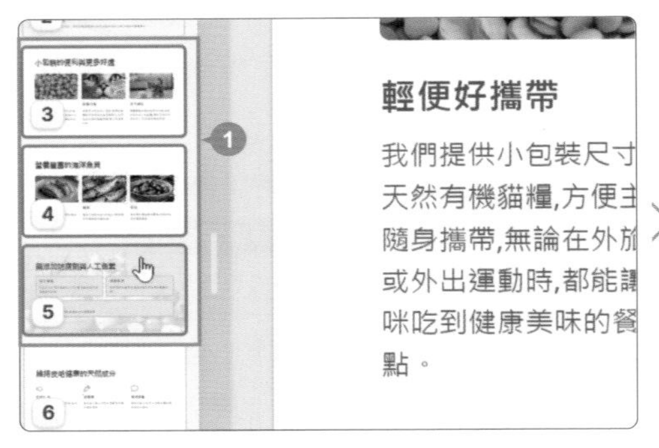

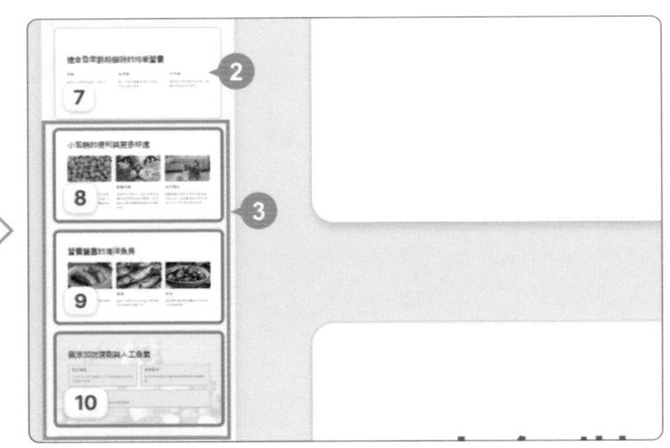

刪除卡片

於簡報專案編輯畫面，要刪除的卡片左上角選按 ⋮ \ 🗑 **刪除**，即可刪除此張卡片。

移動卡片順序

於簡報專案編輯畫面，可調整卡片順序，左側 **膠片檢視** 按住要移動的卡片拖曳至要調整的位置即可；也可按住 Ctrl 鍵不放選取多張卡片再一起拖曳移動。

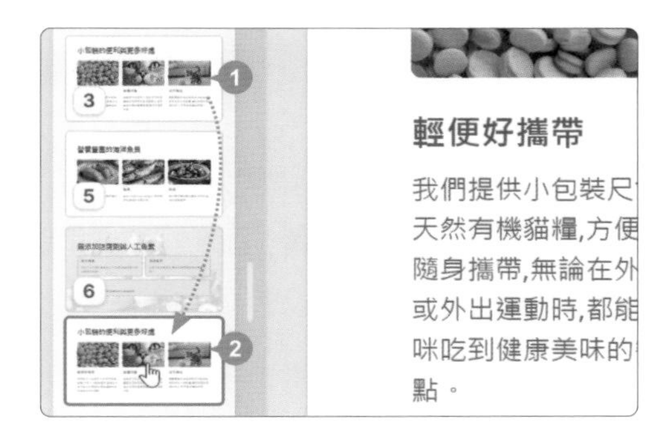

插入影片與媒體

於簡報專案編輯畫面，可插入社群平台的影片，也可以由本機上傳，或是輸入影片、媒體網址嵌入，以下將示範插入 YouTube 影片。

卡片右側簡報編輯工具列選按 **影片和媒體**，拖曳 **YouTube 影片** 至卡片中合適的位置擺放。

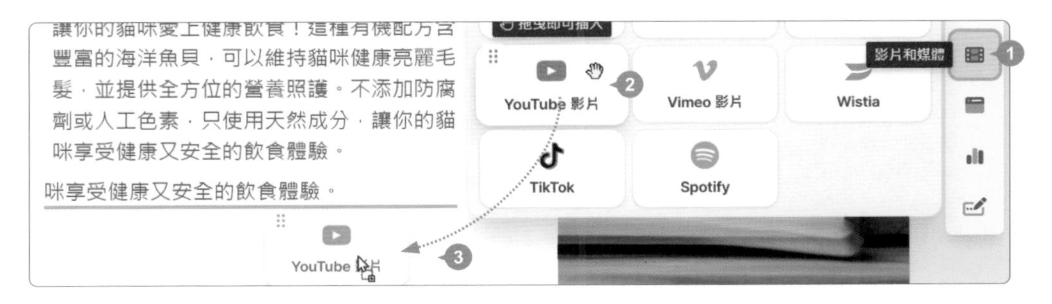

URL 或內嵌程式碼 欄位貼上 YouTube 影片網址，若要改變縮圖，可選按 **取代縮圖** 鈕，再於本機選擇檔案即可。完成設定後於右上角選按 × **關閉**。

選按影片縮圖中間 ▶ 可播放影片，於影片縮圖左上角選按 ⋮，快速工具列 🔍 **縮放** 可放大影片方便瀏覽；✎ **編輯** 可再次開啟右側窗格設定；選按 **內置** 可改變影片以 **連結** 或 **預覽** 方式呈現。

插入檔案

於簡報專案編輯畫面，可插入本機檔案，例如：PDF、Office 檔案...等，或輸入網址嵌入部分社群平台或雲端空間的檔案，以下將示範插入 PDF 檔案。

卡片右側簡報編輯工具列選按 ▬ **將應用程式和網頁嵌入**，拖曳 **PDF 檔** 至卡片中合適的位置擺放。

STEP 02

選按 **按一下即可上傳**，再於本機選擇檔案後，選按 **開啟** 鈕匯入檔案，完成後於右上角選按 ✕ 關閉。

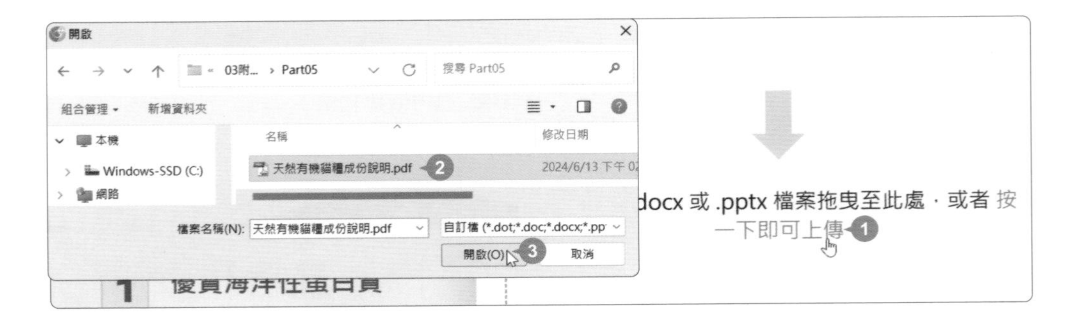

載入的 PDF 檔案預設為 **預覽** 狀態，會顯示縮圖與說明，如果只想顯示檔案連結，可在選取 PDF 狀態下，於快速工具列選按 **預覽** 清單鈕 \ **連結** 即可。(**內置** 則為完整呈現；連按二下會切換至全展並可瀏覽 PDF 完整內容。)

STEP 04

選按左側 ⋮，於快速工具列選按 **文字顏色** 可修改連結的文字顏色；選按 **編輯** 可再次開啟右側窗格變更設定；**存取連結** 會於新的索引標籤開啟檔案。

復原上一個動作

於簡報專案編輯畫面，製作簡報時若不小心誤刪或是想回復上一步的動作，可於畫面右上角選按 ⋯ \ **復原**，或直接按 Ctrl + Z 鍵，即可回到上一步。

回復上一個版本

於簡報專案編輯畫面製作簡報時，Gamma 會自動記錄每個時間點的專案內容，用意在於幫助使用者追蹤和管理簡報的變更過程，也可依需求回溯和恢復到之前的版本。

簡報編輯畫面右上角選按 ⋯ \ **版本歷程記錄**。

STEP 02 於左側側邊欄選按要還原的版本，檢視後於畫面右下角選按 **還原** 鈕，簡報就會回到該時間點的編輯狀態。

Gamma 簡報超強助力

於簡報專案編輯畫面，可藉由卡片右側簡報編輯工具列插入不同的元素豐富簡報與面，還支援嵌入多種第三方服務：

- **圖片**：由設備上傳或輸入 URL 從網頁截取，也可以使用 Unsplash 提供的大量高品質圖片和 Giphy 的動態圖片。另外 Gamma 也能配合簡報內容的關鍵字，以 AI 技術生成圖片。
- **影片和媒體**：由設備上傳或輸入 URL 從網頁截取，可透過 Loom、YouTube、Vimeo、TikTok、Wistia、Spotify...等平台，直接崁入平台影片來使用。
- **將應用程式和網頁嵌入**：可輸入 URL 從網頁截取，直接崁入平台影片來使用。
- **圖表與圖解**：有直條圖、長條圖、折線圖、目標圖...等多種圖表可使用。
- **表格和按鈕**：可插入自訂的按鈕，也可嵌入 Airtable、Calendly、Typeform、Jotform、Google Form...等資料庫或表單。

匯出與分享簡報

完成的簡報可以直接播放展示、以連結分享，或是匯出為 PDF、PowerPoint 檔，還可以邀請朋友共同編輯。

展示播放簡報

開啟要播放的簡報，畫面上方選按 **展示** 鈕，可播放展示簡報。PageUp、PageDown 鍵 (或 ↑、↓ 鍵)，可切換至上一張、下一張卡片。

將滑鼠指標移至畫面上方，於出現的工具列選按 **Spotlight**，藉由 ↑、↓ 鍵會依序高亮顯示特定內容，吸引觀眾的注意力；選按 + 或 – 可縮放內容；選按 ⛶ 可全螢幕放簡報。展示完畢後，可按 Esc 鍵或畫面上方的 **結束** 鈕回到編輯畫面。

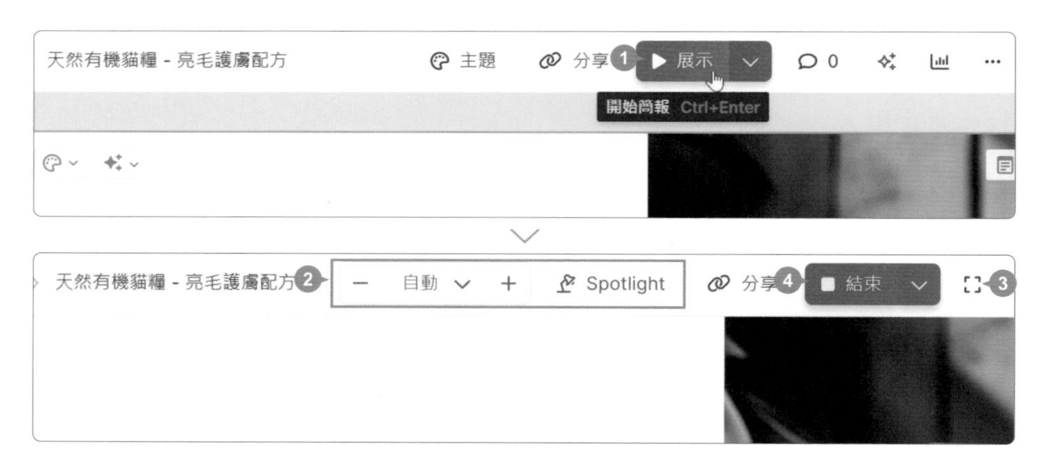

分享簡報連結

開啟要以連結分享的簡報，畫面上方選按 **分享**。

選按 **分享** 標籤，**任何有連結的人** 右側選按 **檢視**，清單中可以設定 **編輯**、**留言**、**無存取權限**...等項目，可依需求設定權限。

完成後，選按 **複製連結** 鈕，再將連結傳送給要分享的朋友。

匯出 PDF 或 PowerPoint 檔案

開啟要匯出為檔案的簡報，畫面上方選按 **分享**。

選按 **匯出** 標籤，下方選按欲匯出的檔案格式，即開始轉換並自動下載至本機儲存。(使用免費帳號匯出的檔案，頁面右下角會有 Gamma 的浮水印)

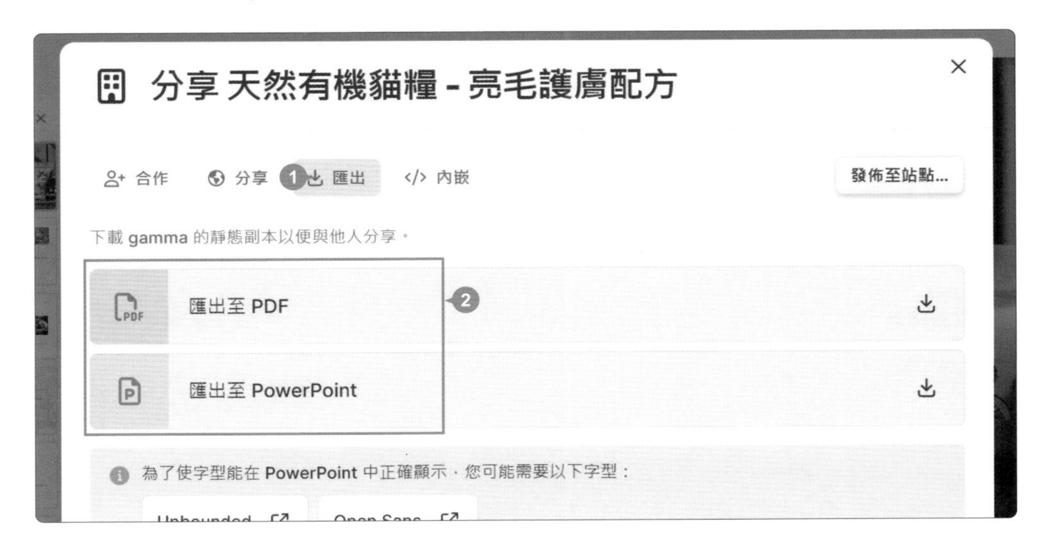

分析簡報成效

Gamma 利用 AI 分析簡報成效，提供互動數據和回饋，這些資訊有助於改善簡報內容。

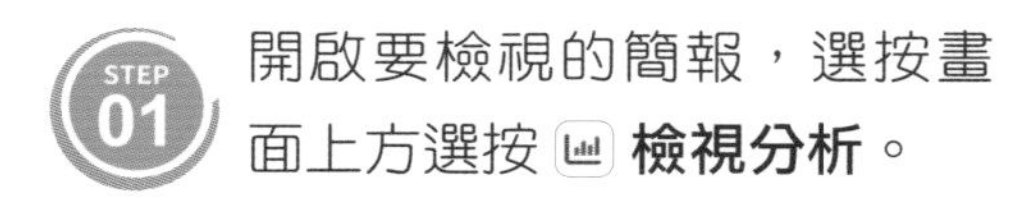

STEP 01 開啟要檢視的簡報，選按畫面上方選按 **檢視分析**。

STEP 02 選按 **頁面檢視次數** 標籤，可切換檢視者 (所有人或共用的特定對象) 查看過去 30 天的每日檢視次數。

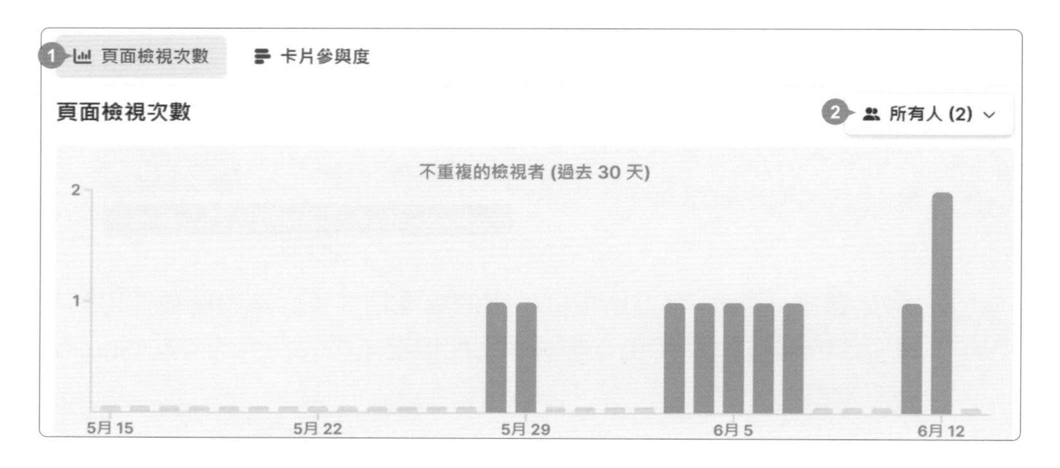

STEP 03 選按 **卡片參與度** 標籤 \ **所費時間**，再搭配切換檢視者，即可了解不同檢視者對每張卡片的查看次數與時長；同樣的，選按 **卡片參與度** 標籤 \ **已檢視** 則可了解不同檢視者對每張卡片的查看比例。

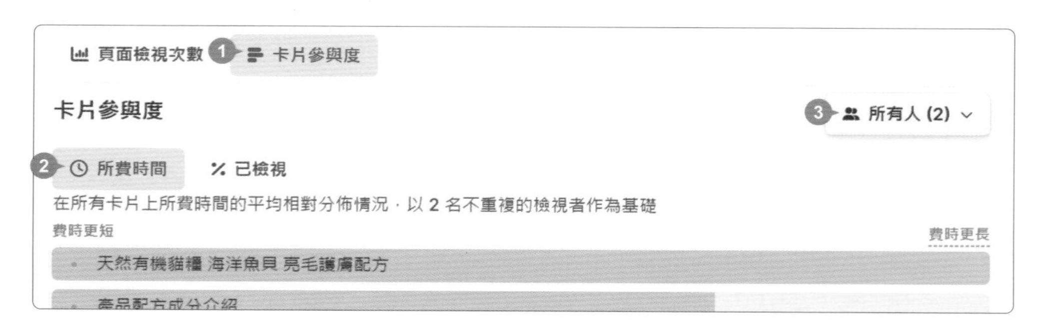

Part 06

強大的 文件整理與優化

聰明的使用 ChatGPT 處理各種 Excel 資料與表格，快速掌握關鍵提問技巧，輕鬆生成最精準的操作步驟、優化資料整理與限定檢查、公式或函數...等，ChatGPT 與 Excel 結合，幫你更高效、更簡單的解決數據資料梳理、計算...等問題，成為高效工作者！

掌握 Excel 高效提問技巧

面對 Excel 各種資料歸納與統計需求，精通 ChatGPT 提問技巧，快速生成最適用的操作流程、函數...等方案。

使用 ChatGPT 這類 AI 聊天機器人，直覺自然地詢問，雖然可以獲得需要的答案，但是當應用在尋求 Excel 操作方面的幫助，想藉此達成智慧自動表格化、資料取得與驗證、函數應用...等統計分析需求時，就必須透過精準的提問技巧，讓 ChatGPT 的回答正確又有效。

■ 簡單易懂的文字，避免過於冗長

利用簡單易懂的文字來陳述 Excel 需求，避免過於冗長，也不要使用艱澀或複雜的專業用語。

■ 確定具體問題

確定 Excel 問題是什麼，或需要什麼樣的幫助，讓 ChatGPT 可以根據要求，提供最符合又正確的答案。例如：

- 將資料整理成表格...
- 寫一個公式計算總合...

■ 說明欄位、範圍或資料格式

指定 Excel 操作範圍、說明欄位名稱或提供正確的資料格式，如：數字、日期、時間...等，讓 ChatGPT 回答相關操作，或提供公式或函數，可以降低錯誤的內容，順利獲得解答。例如：

- 在 H3 取得 E3 到 G3 加總值，將公式延伸到 H5...
- 限定輸入日期需介於 "2024/1/1" 至 "2024/12/31"...

將現有資料整理成表格

將分散或繁雜的數據整理成表格是一種非常有效的表現方法，這樣可以讓資料更加條理分明，便於更好地理解與使用。

範例說明

辦公用品的採購資料，只有文字，沒有表頭或確切年份...等，瀏覽資料時較不容易了解，交給 ChatGPT，可以快速整理成表格，依照內容判斷與調整。

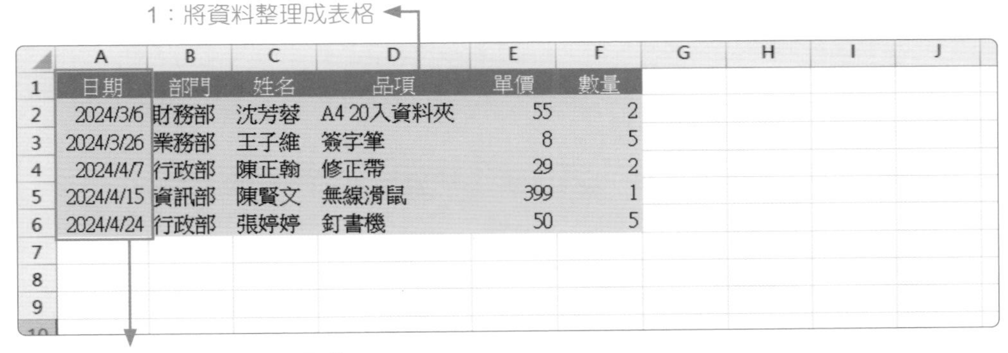

日期	部門	姓名	品項	單價	數量
2024/3/6	財務部	沈芳蓉	A4 20入資料夾	55	2
2024/3/26	業務部	王子維	簽字筆	8	5
2024/4/7	行政部	陳正翰	修正帶	29	2
2024/4/15	資訊部	陳賢文	無線滑鼠	399	1
2024/4/24	行政部	張婷婷	釘書機	50	5

ChatGPT 操作

STEP 01 在 ChatGPT 對話框中輸入以下提示詞並送出，輸入時可以按 Shift + Enter 鍵換行 (或開啟範例原始檔 <TIP2.txt> 複製、貼上)：

提示詞指令：將下面資料整理成表格。

Prompt

將下面資料整理成表格：

3/6 財務部 沈芳蓉 A4 20入資料夾 55 2

3/26 業務部 王子維 簽字筆 8 5

4/7 行政部 陳正翰 修正帶 29 2

4/15 資訊部 陳賢文 無線滑鼠 399 1

4/24 行政部 張婷婷 釘書機 50 5

得到此段 ChatGPT 回覆，將資料依序整理在表格中，並自動產生表頭：

以下是整理好的表格：

日期	部門	姓名	品項	單價	數量
3/6	財務部	沈芳蓉	A4 20入資料夾	55	2
3/26	業務部	王子維	簽字筆	8	5
4/7	行政部	陳正翰	修正帶	29	2
4/15	資訊部	陳賢文	無線滑鼠	399	1
4/24	行政部	張婷婷	釘書機	50	5

小提示

更精準與符合需求的提示詞

ChatGPT 會根據表格內容，自動判斷產生表頭 (如範例中的 "日期"、"部門"...等)，如果需要有特定的表頭名稱，可以在 ChatGPT 對話框輸入：將下面資料整理成表格，表頭分別為：申請日期、申請部門、員工姓名、品名、單價、申請數量，讓產生的表格能更精準與符合需求。

可再調整任一欄位內資料整理的方式，在此要求將日期資料以指定的格式呈現：

提示詞指令：將日期以 格式 呈現。

Prompt

將日期以 2024/月/日 呈現。

以下是整理後的表格，將日期以2024/月/日呈現：

日期	部門	姓名	品項	單價	數量
2024/3/6	財務部	沈芳蓉	A4 20入資料夾	55	2
2024/3/26	業務部	王子維	簽字筆	8	5
2024/4/7	行政部	陳正翰	修正帶	29	2
2024/4/15	資訊部	陳賢文	無線滑鼠	399	1
2024/4/24	行政部	張婷婷	釘書機	50	5

利用滑鼠拖曳選取整個表格，按 Ctrl + C 鍵複製。

以下是整理後的表格，將日期以2024/月/日呈現：

日期	部門	姓名	品項	單價	數量
2024/3/6	財務部	沈芳蓉	A4 20入資料夾	55	2
2024/3/26	業務部	王子維	簽字筆	8	5
2024/4/7	行政部	陳正翰	修正帶	29	2
2024/4/15	資訊部	陳賢文	無線滑鼠	399	1
2024/4/24	行政部	張婷婷	釘書機	50	5

回到 Excel 完成

依 ChatGPT 的回覆，回到 Excel 如下操作：

選取 A1 儲存格，按 Ctrl + V 鍵貼上。

資料無法完整顯示時，可以將滑鼠指標移至要調整寬度的欄名右側邊界，呈 ✛ 狀時，連按二下滑鼠左鍵，依內容自動調整欄寬。(或按住滑鼠左鍵不放左、右拖曳調整)

	A	B	C	D	E	F	G	H	I	J	K
1	日期	部門	姓名	品項	單價	數量					
2	2024/3/6	財務部	沈芳蓉	A4 20入資料夾	55	2					
3	2024/3/26	業務部	王子維	簽字筆	8	5					

選取儲存格範圍，於 **常用** 索引標籤選按 **儲存格樣式**，利用多種儲存格樣式快速選按套用，最後再設定字型與對齊方式即完成。

	A	B	C	D	E	F	G	H	I	J	K
1	日期	部門	姓名	品項	單價	數量					
2	2024/3/6	財務部	沈芳蓉	A4 20入資料夾	55	2					
3	2024/3/26	業務部	王子維	簽字筆	8	5					
4	2024/4/7	行政部	陳正翰	修正帶	29	2					
5	2024/4/15	資訊部	陳賢文	無線滑鼠	399	1					
6	2024/4/24	行政部	張婷婷	釘書機	50	5					

根據問題產生資料與表格

向 ChatGPT 提出具體的問題能夠快速地產生相關的資料與表格，進一步提高工作效率。

範例說明

想整理一份咖啡豆比較表，即使沒有任何資料，只要交給 ChatGPT，可以快速產生並整理成表格。

1：用表格與指定欄位整理出十種常見咖啡豆

1	種類	產地	烘焙方式	咖啡因含量	口味描述
2	阿拉比卡	埃塞俄比亞	中烘焙	約1.2%-1.5%	柑橘、花香、略帶酸味
3	羅布斯塔	越南、巴西	深烘焙	約2.2%-2.7%	苦味重、帶有土壤和堅果味
4	耶加雪菲	埃塞俄比亞耶加雪菲	淺烘焙	約1.2%-1.5%	花香、柑橘和莓果風味
5	曼特寧	印尼蘇門答臘	中深烘焙	約1.2%-1.5%	低酸、厚重口感，帶有巧克力和香料風味
6	藍山	牙買加	中烘焙	約1.2%-1.5%	平衡的酸度和甜味，帶有堅果和水果風味
7	哥倫比亞	哥倫比亞	中深烘焙	約1.2%-1.5%	均衡、濃郁，帶有巧克力和堅果風味
8	瓜地馬拉	瓜地馬拉	淺烘焙	約1.2%-1.5%	明亮的酸度，帶有水果和花香
9	肯亞AA	肯亞	中烘焙	約1.2%-1.5%	高酸度，帶有莓果和柑橘風味
10	巴西黃波旁	巴西	中深烘焙	約1.2%-1.5%	柔和的酸度，帶有巧克力和堅果風味
11	夏威夷可娜	美國夏威夷	淺烘焙	約1.2%-1.5%	柔和、平衡，帶有花香和堅果風味

2：新增一欄 "咖啡因含量"

ChatGPT 操作

在 ChatGPT 對話框中輸入以下提示詞，並送出：

提示詞指令：用表格整理 數字 種 查詢物，包含 指定欄位 的資料。

Prompt

用表格整理十種常見咖啡豆，包含種類、產地、烘焙方式與口味的資料。

得到此段 ChatGPT 回覆，依指定主題："十種常見咖啡豆" 生成資料，並以表格與指定欄位整理：

以下是整理的十種常見咖啡豆的資料表格，包含種類、產地、烘焙方式與口味：

種類	產地	烘焙方式	口味描述
阿拉比卡	埃塞俄比亞	中烘焙	柑橘、花香、略帶酸味
羅布斯塔	越南、巴西	深烘焙	苦味重、帶有土壤和堅果味
耶加雪菲	埃塞俄比亞耶加雪菲	淺烘焙	花香、柑橘和莓果風味
曼特寧	印尼蘇門答臘	中深烘焙	低酸、厚重口感，帶有巧克力和香料風味
藍山	牙買加	中烘焙	平衡的酸度和甜味，帶有堅果和水果風味
哥倫比亞	哥倫比亞	中深烘焙	均衡、濃郁，帶有巧克力和堅果風味
瓜地馬拉	瓜地馬拉	淺烘焙	明亮的酸度，帶有水果和花香
肯亞AA	肯亞	中烘焙	高酸度，帶有莓果和柑橘風味
巴西黃波旁	巴西	中深烘焙	柔和的酸度，帶有巧克力和堅果風味
夏威夷可娜	美國夏威夷	淺烘焙	柔和、平衡，帶有花香和堅果風味

STEP 02 可再調整任一欄位內資料整理的方式，在此要求新增一個欄位以指定的格式呈現：

提示詞指令：新增一欄 " 指定欄位 "， 放在 " 已有欄位 " 後方。

Prompt

新增一欄 "咖啡因含量"，放在 "烘焙方式" 後方。

以下是更新後的咖啡豆資料表格，新增了「咖啡因含量」欄位：

種類	產地	烘焙方式	咖啡因含量	口味描述
阿拉比卡	埃塞俄比亞	中烘焙	約 1.2%-1.5%	柑橘、花香、略帶酸味
羅布斯塔	越南、巴西	深烘焙	約 2.2%-2.7%	苦味重、帶有土壤和堅果味
肯亞AA	肯亞	中烘焙	約 1.2%-1.5%	[illegible]
巴西黃波旁	巴西	中深烘焙	約 1.2%-1.5%	柔和的酸度，帶有巧克力和堅果風味
夏威夷可娜	美國夏威夷	淺烘焙	約 1.2%-1.5%	柔和、平衡，帶有花香和堅果風味

STEP 03 利用滑鼠拖曳選取整個表格，按 Ctrl + C 鍵複製。

以下是更新後的咖啡豆資料表格，新增了「咖啡因含量」欄位：

	產地	烘焙方式	咖啡因含量	口味描述
阿拉比卡	埃塞俄比亞	中烘焙	約 1.2%-1.5%	柑橘、花香、略帶酸味
羅布斯塔	越南、巴西	深烘焙	約 2.2%-2.7%	苦味重、帶有土壤和堅果味
耶加雪菲	埃塞俄比亞耶加雪菲	淺烘焙	約 1.2%-1.5%	花香、柑橘和莓果風味
曼特寧	印尼蘇門答臘	中深烘焙	約 1.2%-1.5%	低酸、厚重口感，帶有巧克力和香料風味
瓜地馬拉	瓜地馬拉	淺烘焙	約 1.2%-1.5%	
肯亞AA	肯亞	中烘焙	約 1.2%-1.5%	高酸度，帶有莓果和柑橘風味
巴西黃波旁	巴西	中深烘焙	約 1.2%-1.5%	柔和的酸度，帶有巧克力和堅果風味
夏威夷可娜	美國夏威夷	淺烘焙	約 1.2%-1.5%	柔和、平衡，帶有花香和堅果風味

回到 Excel 完成

依 ChatGPT 的回覆，回到 Excel 如下操作：

選取 A1 儲存格，按 Ctrl + V 鍵貼上，接著在選取資料狀態下，於 **常用** 索引標籤選按 **清除 \ 清除格式**。

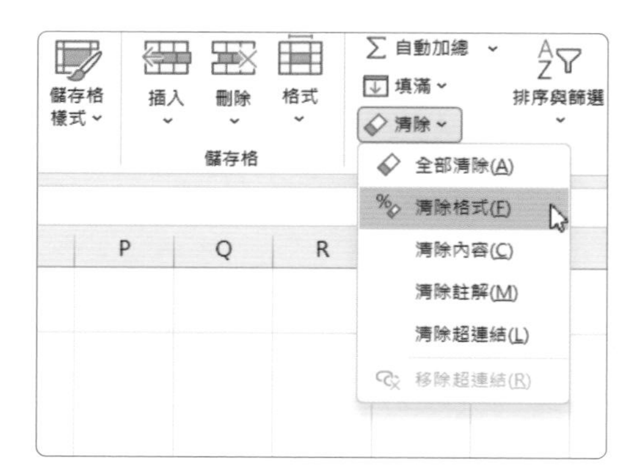

資料無法完整顯示時，可以將滑鼠指標移至要調整寬度的欄名右側邊界，呈 ✛ 狀時，連按二下滑鼠左鍵，依內容自動調整欄寬。

	A	B	C	D	E
1	種類	產地	烘焙方式	咖啡因含	口味描述
2	阿拉比卡	埃塞俄比	中烘焙	約1.2%-1.	柑橘、花香、略帶酸味
3	羅布斯塔	越南、巴	深烘焙	約2.2%-2.	苦味重、帶有土壤和堅果味
4	耶加雪菲	埃塞俄比	淺烘焙	約1.2%-1.	花香、柑橘和莓果風味
5	曼特寧	印尼蘇門	中深烘焙	約1.2%-1.	低酸、厚重口感，帶有巧克力和香料風味

STEP 03

選取 A1 儲存格，於 **常用** 索引標籤選按 **格式化為表格**，利用多種表格樣式快速選按套用與確認資料來源，最後設定字型與對齊方式即完成。

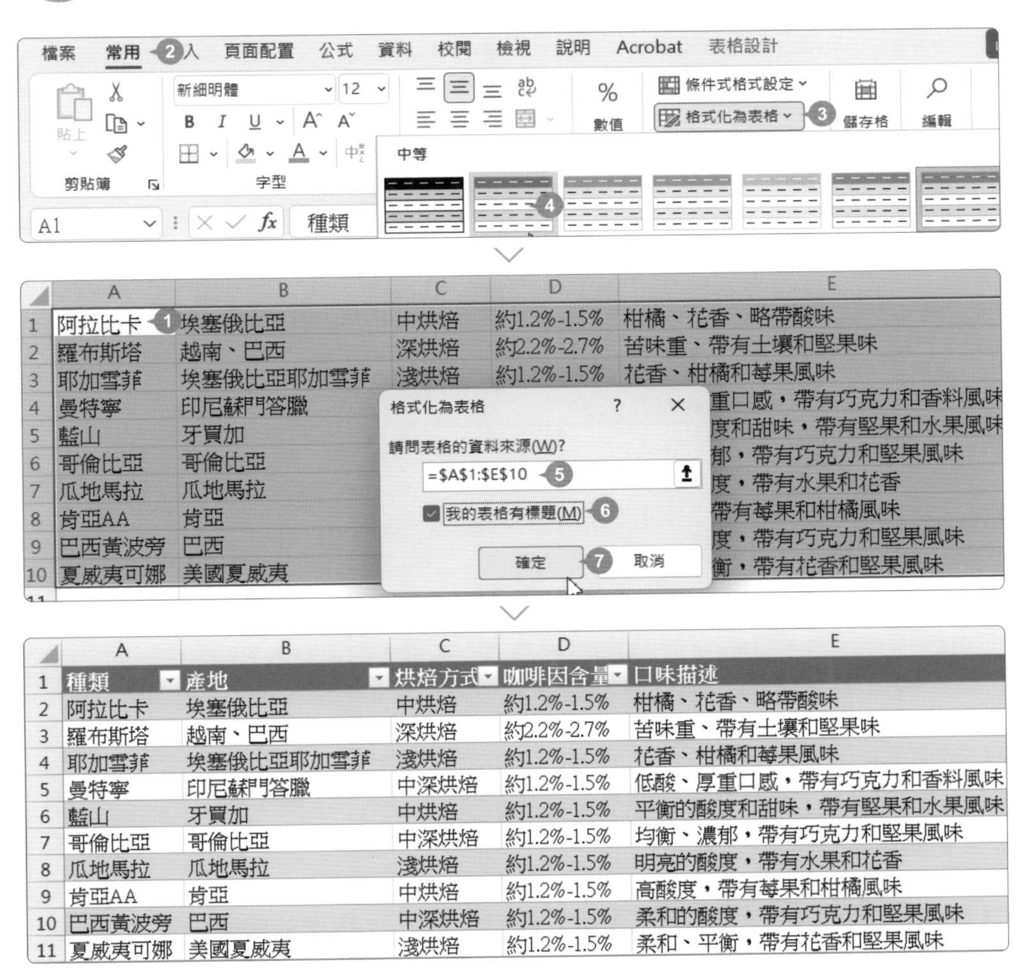

	種類	產地	烘焙方式	咖啡因含量	口味描述
2	阿拉比卡	埃塞俄比亞	中烘焙	約1.2%-1.5%	柑橘、花香、略帶酸味
3	羅布斯塔	越南、巴西	深烘焙	約2.2%-2.7%	苦味重、帶有土壤和堅果味
4	耶加雪菲	埃塞俄比亞耶加雪菲	淺烘焙	約1.2%-1.5%	花香、柑橘和莓果風味
5	曼特寧	印尼蘇門答臘	中深烘焙	約1.2%-1.5%	低酸、厚重口感，帶有巧克力和香料風味
6	藍山	牙買加	中烘焙	約1.2%-1.5%	平衡的酸度和甜味，帶有堅果和水果風味
7	哥倫比亞	哥倫比亞	中深烘焙	約1.2%-1.5%	均衡、濃郁，帶有巧克力和堅果風味
8	瓜地馬拉	瓜地馬拉	淺烘焙	約1.2%-1.5%	明亮的酸度，帶有水果和花香
9	肯亞AA	肯亞	中烘焙	約1.2%-1.5%	高酸度，帶有莓果和柑橘風味
10	巴西黃波旁	巴西	中深烘焙	約1.2%-1.5%	柔和的酸度，帶有巧克力和堅果風味
11	夏威夷可娜	美國夏威夷	淺烘焙	約1.2%-1.5%	柔和、平衡，帶有花香和堅果風味

搭配 Excel 標示重複的資料項目

進行數據統計和分析時，重複資料可能會導致重複計算。透過標示重複項目一一檢視確認資料正確性。

範例說明

選課單中以 **學員** 欄的姓名判斷該名學員是否選了一堂以上的課程，如果是，則將該名學員姓名加上底色。

利用儲存格底色標示重複選課的學員姓名。

	A	B	C	D	E	F	G	H	I
1	學員	課程	專案價	VIP	VIP 價				
2	王淑慧	Photoshop CC網頁設計	13999	✔	11899				
3	許嘉慧	Python與AI人工智慧開發	21999	-	-				
4	潘易茂	PHP 資料庫網站程式	14888	-	-				
5	楊志宏	PowerPoint多媒體簡報	15499	-	-				
6	林雅芬	AutoCAD國際認證	11990	-	-				
7	陳維白	3ds Max遊戲	8999	-	-				
8	李易琇	PHP 資料庫網站程式	19990	-	-				
9	余旺珍	Illustrator CC插圖設計	12345	✔	10493				
10	林政娟	AutoCAD國際認證	11990	-	-				
11	余旺珍	Photoshop CC網頁設計	13999	✔	11899				
12	黃文婷	AutoCAD國際認證	11990	✔	10191				
13	曹哲瑋	Python與AI人工智慧開發	21999	-	-				
14	黃文婷	PHP 資料庫網站程式	14888	✔	12654				
15	黃淑媛	PowerPoint多媒體簡報	15499	-	-				
16	王淑慧	Illustrator CC插圖設計	12345	✔	10493				

ChatGPT 操作

在 ChatGPT 對話框中輸入以下提示詞，並送出：

提示詞指令：在 Excel 中，儲存格範圍 為 資料項目，如何訂定規則：用儲存格底色標示重複的 資料項目？請給我沒有函數的簡單作法。

Prompt

在 Excel 中，A2 到 A16 為學員姓名，如何訂定規則：用儲存格底色標示重複選課的學員姓名？請給我沒有函數的簡單作法。

得到此段 ChatGPT 回覆，用 **重複的值** 規則標示出重複的學員姓名：

在 Excel 中，你可以使用「條件格式」來標示重複的學員姓名，以下是具體步驟：

1. 選取範圍 A2 到 A16。
2. 在 Excel 的功能區中，點擊「開始」選項卡。
3. 找到「樣式」區塊，點擊「條件格式」。
4. 在下拉菜單中，選擇「突出顯示儲存格規則」。
5. 從子菜單中，選擇「重複值...」。
6. 在彈出的對話框中，確保「重複值」已被選中，然後選擇一個你喜歡的格式來標示重複的值，例如填充顏色。
7. 點擊「確定」。

回到 Excel 完成

依 ChatGPT 的回覆，回到 Excel 如下操作：

選取要依條件格式化的 A2:A16 儲存格範圍，於 **常用** 索引標籤選按 **條件式格式設定 \ 醒目提示儲存格規則 \ 重複的值**。

設定 **格式化包含下列的儲存格：重複**，選按 **具有下列的值** 清單鈕，選擇合適的格式化樣式，再選按 **確定** 鈕即完成。

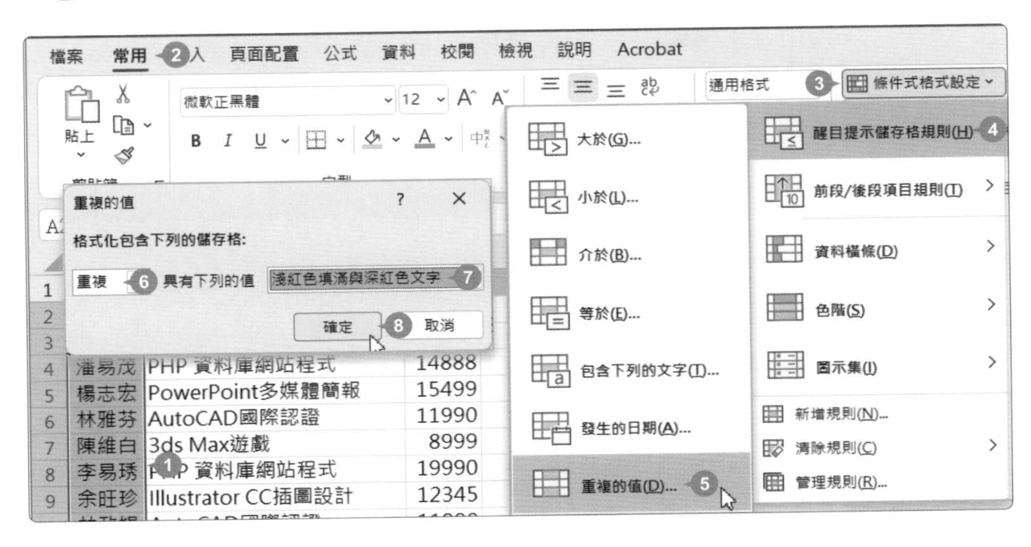

搭配 Excel 標示符合條件中的值

面對大量資料筆數，往往很難一眼找出重要訊息，藉由特定條件的設定，讓 Excel 幫你自動比對與標示，一秒捉住重點。

範例說明

業績統計表中，找出 **業績目標** 小於 "100" 以下的金額 (範例中的 "萬" 是以數值格式設定)，並用色彩標示。

	A	B	C	D	E	F	G	H	I	J
1	員工編號	員工姓名	業績目標	達成業績	達成百分比	依業績金額排名	依達成率排名			
2	A001	吳家欣	90萬	116 萬	129%	4	4			
3	A002	錢芷璇	140萬	98 萬	70%	8	12			
4	A003	李姵虹	110萬	220 萬	200%	1	1			
5	A004	林俐帆	100萬	96 萬	96%	9	9			
6	A005	林舒婷	120萬	124 萬	103%	3	8			
7	A006	林正弘	80萬	55 萬	69%	12	13			
8	A007	黃延財	100萬	105 萬	105%	6	7			
9	A008	林玉玫	60萬	105 萬	175%	6	2			
10	A009	韓清峰	40萬	60 萬	150%	11	3			
11	A010	黃科城	100萬	83 萬	83%	10	11			
12	A011	彭景翔	100萬	113 萬	113%	5	6			
13	A012	呂慈夢	60萬	30 萬	50%	15	15			
14	A013	趙曉雯	60萬	40 萬	67%	14	14			
15	A014	吳怡伶	60萬	50 萬	83%	13	10			
16	A015	羅丹易	150萬	185 萬	123%	2	5			

將業績目標 "100" 以下的儲存格標示底色。

ChatGPT 操作

在 ChatGPT 對話框中輸入以下提示詞，並送出：

提示詞指令：在 Excel 中，儲存格範圍 為 指定項目，如何將 指定項目 指定條件 的儲存格底色填入" 顏色 "？

Prompt

在 Excel 中，C2 到 C16 為業績目標，如何將業績目標 "100" 以下的儲存格底色填入 "橘色"？ 

得到此段 ChatGPT 回覆，選取 C2:C16 儲存格範圍，使用 **條件式格式設定 \ 新增規則** 功能，指定條件並填色：

在Excel中，可以使用條件格式來將特定儲存格的底色改變為橘色。以下是具體的操作步驟：

1. **選擇儲存格範圍：**
   選擇C2到C16的儲存格範圍。

2. **應用條件格式：**
   點擊「開始」選單，選擇「條件格式」>「新建規則」。

3. **設置條件和格式：**
   在新建格式規則對話框中，選擇「使用公式來確定要設定格式的儲存格」。輸入公式 `=C2<100`，然後點擊「格式」，選擇填充顏色為橘色，最後點擊「確定」。

回到 Excel 完成

依 ChatGPT 的回覆，回到 Excel 如下操作：

選取 C2:C16 儲存格範圍，於 **常用** 索引標籤選按 **條件式格式設定 \ 新增規則**。

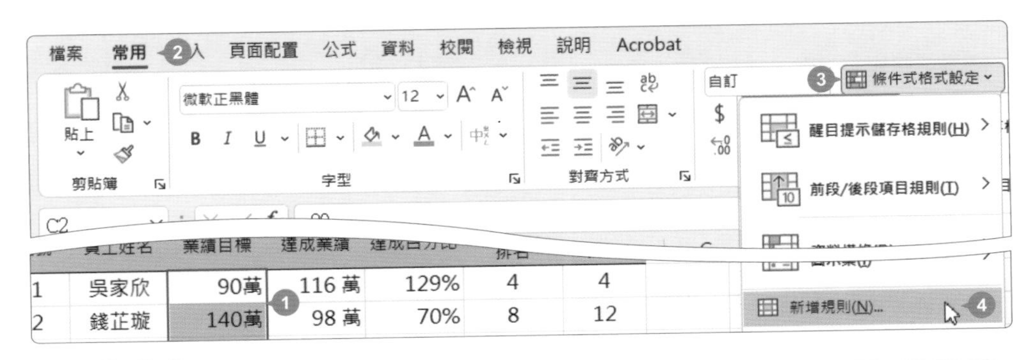

小提示

顯示的答案與此範例示範不同

範例中需要的結果常有多種解法，ChatGPT 回覆的答案或函數可能會與此處示範稍有差異，可以用該方式試試，也可再次提問，或於 Excel 執行確認答案正確性，如發生錯誤可以再回到 ChatGPT 提問：「執行上段函數 (或操作) 時發生錯誤，該如何修正？」。

STEP 02 於對話方塊選按 **使用公式來決定要格式化哪些儲存格**，設定 **格式化在此公式為 True 的值**：「=C2<100」，選按 **格式** 鈕。

STEP 03 於對話方塊選按 **填滿** 標籤，於 **背景色彩** 選按合適色彩，選按二次 **確定** 鈕即完成。

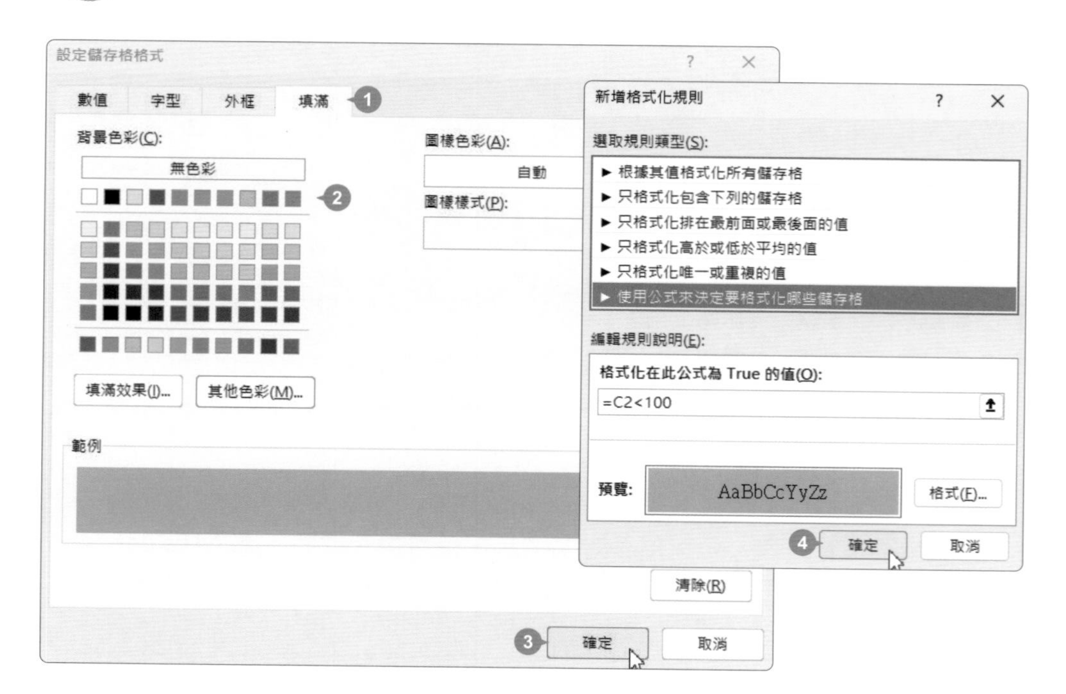

搭配 Excel 將民國日期轉西元

民國與西元日期的轉換，方便不同地區和使用者對日期的應用，確保溝通、商業交流或文件處理的正確與一致性。

範例說明

採購申請表中可看到 **日期 (民國)** 欄位顯示民國日期 YYY/MM/DD，需轉換成西元日期 YYYY/MM/DD，之後再延伸公式自動填滿內容。

	A	B	C	D	E	F	G	H	I
1	日期 (民國)	日期 (西元)	申請部門	姓名	品名	單價	數量		
2	113/03/06	2024/3/6	研發部	錢佳蓉	A420入資料本	55	2		
3	113/03/07	2024/3/7	業務部	張哲維	自動原子筆	8	5		
4	113/03/08	2024/3/8	行政部	陳石翰	修正帶	29	2		
5	113/03/09	2024/3/9	資訊部	黃文賢	無線滑鼠	399	1		
6	113/03/10	2024/3/10	業務部	溫雅婷	釘書機	45	3		
7	113/03/11	2024/3/11	行政部	曾秀芬	特大迴紋針	35	3		
8	113/03/12	2024/3/12	公關部	楊智城	可換卡水白板筆-黑	28	2		
9	113/03/13	2024/3/13	業務部	倪雅婷	事務剪刀	18	5		
10	113/03/14	2024/3/14	行政部	杜奕翔	九色可再貼螢光標籤	28	2		
11	113/03/15	2024/3/15	資訊部	彭雅晴	A4公文袋	15	10		
12	113/03/16	2024/3/16	研發部	陳文傑	膠水	9	2		
13	113/03/17	2024/3/17	公關部	林易妏	影印紙	250	2		
14									
15									

將民國日期轉換為西元年月日。

ChatGPT 操作

在 ChatGPT 對話框中輸入以下提示詞，並送出：

提示詞指令：寫一個簡短的 Excel 公式，儲存格 是民國日期 " 日期 "，" 數字 "是年，" 數字 "是月，" 數字 "是日，將 儲存格 日期轉換為西元日期顯示在 儲存格，將公式延伸到其他儲存格。

Prompt

寫一個簡短的 Excel 公式，A2 是民國日期 113/03/06，113 是年，03 是月，06 是日，將 A2 日期轉換為西元日期顯示在 B2，將公式延伸到其他儲存格。

得到此段 ChatGPT 回覆，使用 **DATE**、**LEFT**、**MID**、**RIGHT** 四個函數，並搭配其他操作完成：

要將民國日期轉換為西元日期，可以使用以下Excel公式：

excel　複製程式碼

```
=DATE(1911+LEFT(A2,3),MID(A2,5,2),RIGHT(A2,2))
```

這個公式會將儲存在A2的民國日期（例如113/03/06）轉換為西元日期並顯示在B2。公式中的步驟如下：

1. `LEFT(A2,3)` 提取民國年份（例如113）。
2. `1911+LEFT(A2,3)` 將民國年份轉換為西元年份（例如2024）。
3. `MID(A2,5,2)` 提取月份（例如03）。
4. `RIGHT(A2,2)` 提取日期（例如06）。

STEP 02 選按公式方框右上角 **複製程式碼**，複製該段公式。

回到 Excel 完成

依 ChatGPT 的回覆，回到 Excel 如下操作：

STEP 01 選取 B2 儲存格，按 Ctrl + V 鍵，貼上剛剛複製的公式，顯示西元日期。

	A	B	C	D	E	F	G	H	I
1	日期 (民國)	日期 (西元)	申請部門	姓名	品名	單價	數量		
2	113/03/06	2024/3/6	研發部	錢佳蓉	A420入資料本	55	2		
3	113/03/07		業務部	張哲維	自動原子筆	8	5		
4	113/03/08		行政部	陳石翰	修正帶	29	2		
5	113/03/09		資訊部	黃文賢	無線滑鼠	399	1		
6	113/03/10		業務部	溫雅婷	釘書機	45	3		
7	113/03/11		行政部	曾秀芬	特大迴紋針	35	3		
8	113/03/12		公關部	楊智城	可換卡水白板筆-黑	28	2		
9	113/03/13		業務部	倪雅婷	事務剪刀	18	5		

將滑鼠指標移到 B2 儲存格右下角的 **填滿控點** 上，呈 + 狀，按滑鼠左鍵二下，自動填滿到最後一筆資料 B13 儲存格。

	A	B	C	D	E	F	G	H	I
1	日期 (民國)	日期 (西元)	申請部門	姓名	品名	單價	數量		
2	113/03/06	2024/3/6	研發部	錢佳蓉	A420入資料本	55	2		
3	113/03/07		業務部	張哲維	自動原子筆	8	5		
4	113/03/08		行政部	陳石翰	修正帶	29	2		
5	113/03/09		資訊部	黃文賢	無線滑鼠	399	1		
6	113/03/10		業務部	溫雅婷	釘書機	45	3		
7	113/03/11		行政部	曾秀芬	特大迴紋針	35	3		
8	113/03/12		公關部	楊智城	可換卡水白板筆-黑	28	2		
9	113/03/13		業務部	倪雅婷	事務剪刀	18	5		
10	113/03/14		行政部	杜奕翔	九色可再貼螢光標籤	28	2		
11	113/03/15		資訊部	彭雅晴	A4公文袋	15	10		
12	113/03/16		研發部	陳文傑	膠水	9	2		
13	113/03/17		公關部	林易妏	影印紙	250	2		

	A	B	C	D	E	F	G	H	I
1	日期 (民國)	日期 (西元)	申請部門	姓名	品名	單價	數量		
2	113/03/06	2024/3/6	研發部	錢佳蓉	A420入資料本	55	2		
3	113/03/07	2024/3/7	業務部	張哲維	自動原子筆	8	5		
4	113/03/08	2024/3/8	行政部	陳石翰	修正帶	29	2		
5	113/03/09	2024/3/9	資訊部	黃文賢	無線滑鼠	399	1		
6	113/03/10	2024/3/10	業務部	溫雅婷	釘書機	45	3		
7	113/03/11	2024/3/11	行政部	曾秀芬	特大迴紋針	35	3		
8	113/03/12	2024/3/12	公關部	楊智城	可換卡水白板筆-黑	28	2		
9	113/03/13	2024/3/13	業務部	倪雅婷	事務剪刀	18	5		
10	113/03/14	2024/3/14	行政部	杜奕翔	九色可再貼螢光標籤	28	2		
11	113/03/15	2024/3/15	資訊部	彭雅晴	A4公文袋	15	10		
12	113/03/16	2024/3/16	研發部	陳文傑	膠水	9	2		
13	113/03/17	2024/3/17	公關部	林易妏	影印紙	250	2		
14									

小提示

民國日期輸入時需注意：

民國日期如果要順利轉換成西元日期，在 **日期 (民國)** 欄位中，儲存格格式設定為 **通用格式**，另外留意 "月" 與 "日" 的數字需顯示二位數。

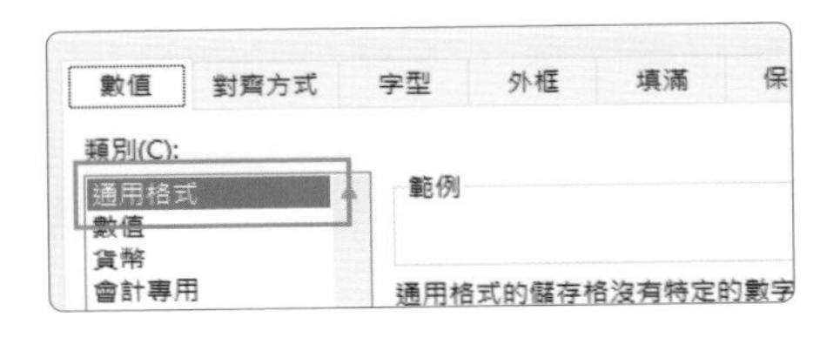

	A	B	C	D
1	日期 (民國)	日期 (西元)	申請部門	姓名
2	113/03/06		研發部	錢佳蓉
3	113/03/07		業務部	張哲維
4	113/03/08		行政部	陳石翰
5	113/03/09		資訊部	黃文賢

搭配 Excel 處理規則性缺失資料

"缺失資料" 會影響資料正規化，導致數據不準確和分析結果偏差，可以透過填滿功能，快速解決這個問題。

範例說明

產品銷售明細可看到 **部門** 與 **產品類別** 二欄的內容有許多空格 (缺失資料)，但每個區段的第一筆是有資料的，這樣屬於規則性缺失資料的狀況，因此可使用公式，自動填滿相同內容。

	A	B	C	D	E
1	訂單編號	銷售員	部門	產品類別	第一季
2	CD18003	劉星純	業務部	清靜除溼	7000
3	CD18009	何義鴻			2500
4	CD18014	陳美惠			8000
5	CD18021	傅振雲			7600
6	CD18001	陳怡芬		美容家電	5000
7	CD18006	葉芳娥			4000
8	CD18012	許智堯			7500
9	CD18013	林佳芸			8000
10	CD18002	符珮珊		空調家電	8000
11	CD18008	黃佩芳			7000
12	CD18015	呂柏勳			6400
13	CD18016	蔡詩婷			6000
14	CD18017	王孝帆			3400
15	CD18018	馬怡君			7500

	A	B	C	D	E
1	訂單編號	銷售員	部門	產品類別	第一季
2	CD18003	劉星純	業務部	清靜除溼	7000
3	CD18009	何義鴻	業務部	清靜除溼	2500
4	CD18014	陳美惠	業務部	清靜除溼	8000
5	CD18021	傅振雲	業務部	清靜除溼	7600
6	CD18001	陳怡芬	業務部	美容家電	5000
7	CD18006	葉芳娥	業務部	美容家電	4000
8	CD18012	許智堯	業務部	美容家電	7500
9	CD18013	林佳芸	業務部	美容家電	8000
10	CD18002	符珮珊	業務部	空調家電	8000
11	CD18008	黃佩芳	業務部	空調家電	7000
12	CD18015	呂柏勳	業務部	空調家電	6400
13	CD18016	蔡詩婷	業務部	空調家電	6000
14	CD18017	王孝帆	業務部	空調家電	3400
15	CD18018	馬怡君	業務部	空調家電	7500

找出所有的空白儲存格，再利用快速鍵取得上一個儲存格資料與自動填入空白儲存格中。

ChatGPT 操作

在 ChatGPT 對話框中輸入以下提示詞，並送出：

提示詞指令：在 Excel 中，如何選取 儲存格範圍 資料中的所有空白儲存格，利用快速鍵取得上一個儲存格資料與自動填入空白儲存格中？

Prompt

在 Excel 中，如何選取 C2 到 D18 資料中的所有空白儲存格，利用快速鍵取得上一個儲存格資料與自動填入空白儲存格中？

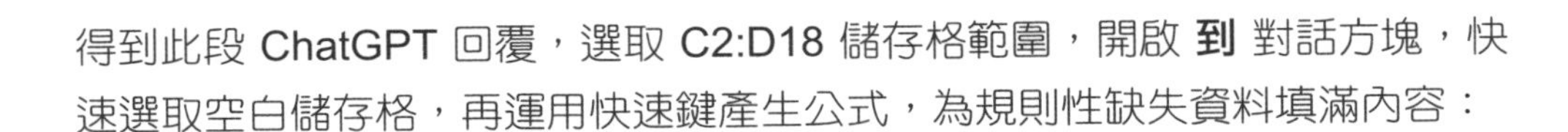

得到此段 ChatGPT 回覆，選取 C2:D18 儲存格範圍，開啟 **到** 對話方塊，快速選取空白儲存格，再運用快速鍵產生公式，為規則性缺失資料填滿內容：

> 在Excel中，你可以使用以下步驟選取範圍C2到D18中的所有空白儲存格，並利用快速鍵將上一個儲存格的資料自動填入這些空白儲存格中：
>
> 1. **選取範圍C2到D18**：
>   - 點擊儲存格C2，然後按住Shift鍵，點擊儲存格D18。這樣就選取了C2到D18的範圍。
> 2. **選取範圍內的所有空白儲存格**：
>   - 按下 `Ctrl + G` 打開"定位"對話框。
>   - 點擊"定位條件"按鈕。
>   - 在"定位條件"對話框中，選擇"空值"選項，然後點擊"確定"。這將選取範圍C2到D18中的所有空白儲存格。
> 3. **填入上一個儲存格的資料**：
>   - 確保已選取了所有空白儲存格，然後輸入等號（`=`），接著按下上箭頭鍵（`↑`）。
>   - 按下 `Ctrl + Enter`。這將在所有選取的空白儲存格中輸入上一個儲存格的資料。

回到 Excel 完成

依 ChatGPT 的回覆，回到 Excel 如下操作：

選取 C2:D18 儲存格範圍，按 Ctrl + G 鍵開啟對話方塊，選按 **特殊** 鈕。

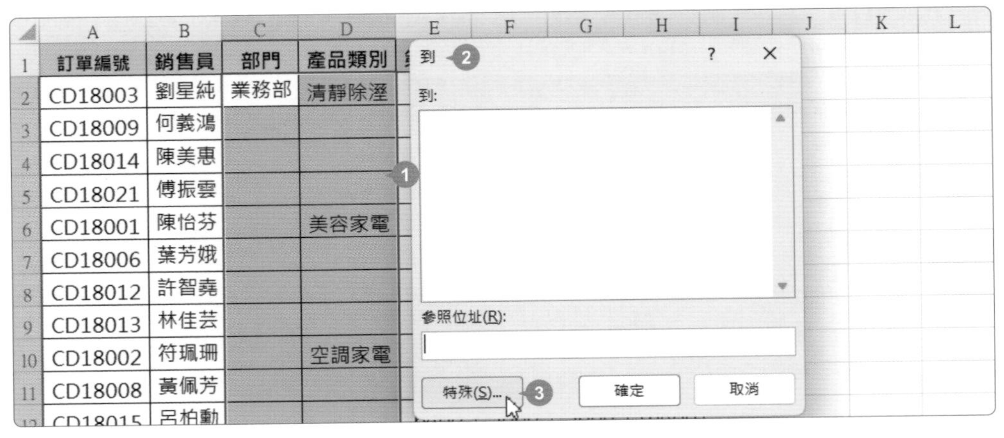

於對話方塊核選 **空格**，選按 **確定** 鈕回到工作表。

	A	B	C	D	E
1	訂單編號	銷售員	部門	產品類別	第-
2	CD18003	劉星純	業務部	清靜除溼	70
3	CD18009	何義鴻			25
4	CD18014	陳美惠			80
5	CD18021	傅振雲			76
6	CD18001	陳怡芬		美容家電	50
7	CD18006	葉芳娥			40
8	CD18012	許智堯			75
9	CD18013	林佳芸			80
10	CD18002	符珮珊		空調家電	80
11	CD18008	黃佩芳			70
12	CD18015	呂柏勳			64
13	CD18016	蔡詩婷			60
14	CD18017	王孝帆			34
15	CD18018	馬怡君			75

空白儲存格已選取狀態下，直接按鍵盤上的 = 鍵，再按 ↑ 鍵，會產生一公式，取得上一格儲存格的資料內容，再按 Ctrl + Enter 鍵自動填滿公式，目前選取的空格會依區段填滿相同內容。

	A	B	C	D	E
1	訂單編號	銷售員	部門	產品類別	第一季
2	CD18003	劉星純	業務部	清靜除溼	7000
3	CD18009	何義鴻		=D2	2500
4	CD18014	陳美惠			8000
5	CD18021	傅振雲			7600
6	CD18001	陳怡芬		美容家電	5000
7	CD18006	葉芳娥			4000
8	CD18012	許智堯			7500
9	CD18013	林佳芸			8000
10	CD18002	符珮珊		空調家電	8000
11	CD18008	黃佩芳			7000
12	CD18015	呂柏勳			6400
13	CD18016	蔡詩婷			6000
14	CD18017	王孝帆			3400
15	CD18018	馬怡君			7500
16	CD18020	鄭淑裕			4800

	A	B	C	D	E
1	訂單編號	銷售員	部門	產品類別	第一季
2	CD18003	劉星純	業務部	清靜除溼	7000
3	CD18009	何義鴻	業務部	清靜除溼	2500
4	CD18014	陳美惠	業務部	清靜除溼	8000
5	CD18021	傅振雲	業務部	清靜除溼	7600
6	CD18001	陳怡芬	業務部	美容家電	5000
7	CD18006	葉芳娥	業務部	美容家電	4000
8	CD18012	許智堯	業務部	美容家電	7500
9	CD18013	林佳芸	業務部	美容家電	8000
10	CD18002	符珮珊	業務部	空調家電	8000
11	CD18008	黃佩芳	業務部	空調家電	7000
12	CD18015	呂柏勳	業務部	空調家電	6400
13	CD18016	蔡詩婷	業務部	空調家電	6000
14	CD18017	王孝帆	業務部	空調家電	3400
15	CD18018	馬怡君	業務部	空調家電	7500
16	CD18020	鄭淑裕	業務部	空調家電	4800

搭配 Excel 限定不能輸入重複資料

員工編號、訂單編號、學生學號、身分證字號...等，這些項目都必須是唯一且不重複的，事先藉由 "限定" 有效確保資料正確性。

範例説明

產品銷售明細中 **訂單編號** 不能重複，所以輸入 **訂單編號** 時，若遇到重複編號，會跳出現警告訊息並說明。

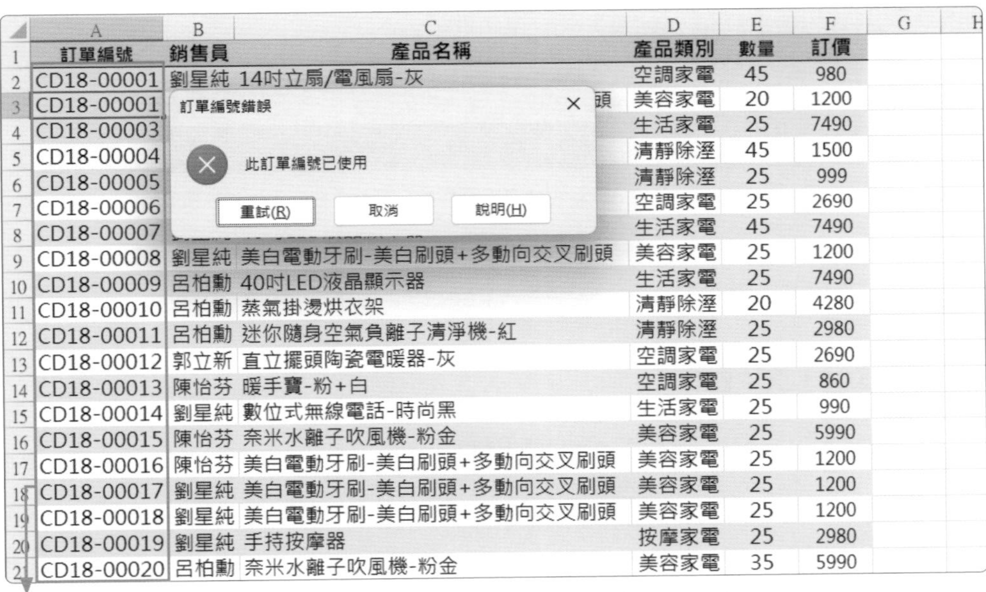

	A	B	C	D	E	F	G	H
1	訂單編號	銷售員	產品名稱	產品類別	數量	訂價		
2	CD18-00001	劉星純	14吋立扇/電風扇-灰	空調家電	45	980		
3	CD18-00001		頭	美容家電	20	1200		
4	CD18-00003			生活家電	25	7490		
5	CD18-00004			清靜除溼	45	1500		
6	CD18-00005			清靜除溼	25	999		
7	CD18-00006			空調家電	25	2690		
8	CD18-00007			生活家電	45	7490		
9	CD18-00008	劉星純	美白電動牙刷-美白刷頭+多動向交叉刷頭	美容家電	25	1200		
10	CD18-00009	呂柏勳	40吋LED液晶顯示器	生活家電	25	7490		
11	CD18-00010	呂柏勳	蒸氣掛燙烘衣架	清靜除溼	20	4280		
12	CD18-00011	呂柏勳	迷你隨身空氣負離子清淨機-紅	清靜除溼	25	2980		
13	CD18-00012	郭立新	直立擺頭陶瓷電暖器-灰	空調家電	25	2690		
14	CD18-00013	陳怡芬	暖手寶-粉+白	空調家電	25	860		
15	CD18-00014	劉星純	數位式無線電話-時尚黑	生活家電	25	990		
16	CD18-00015	陳怡芬	奈米水離子吹風機-粉金	美容家電	25	5990		
17	CD18-00016	陳怡芬	美白電動牙刷-美白刷頭+多動向交叉刷頭	美容家電	25	1200		
18	CD18-00017	劉星純	美白電動牙刷-美白刷頭+多動向交叉刷頭	美容家電	25	1200		
19	CD18-00018	劉星純	美白電動牙刷-美白刷頭+多動向交叉刷頭	美容家電	25	1200		
20	CD18-00019	劉星純	手持按摩器	按摩家電	25	2980		
21	CD18-00020	呂柏勳	奈米水離子吹風機-粉金	美容家電	35	5990		

A2 到 A21 限定不能輸入重複的資料，不符合時， "停止" 輸入並顯示警告訊息。

ChatGPT 操作

在 ChatGPT 對話框中輸入以下提示詞，並送出：

提示詞指令：在 Excel 中，儲存格範圍 限定不能輸入重複的資料，如果不符合限定，停止並顯示錯誤訊息。

Prompt

在 Excel 中，A2 到 A21 限定不能輸入重複的資料，如果不符合限定，停止並顯示錯誤訊息。

得到此段 ChatGPT 回覆，選取要套用限定的儲存格，使用 **資料驗證** 功能 \ **設定** 標籤實現此限定，切換至 **錯誤提醒** 標籤，輸入想要顯示的警告訊息：

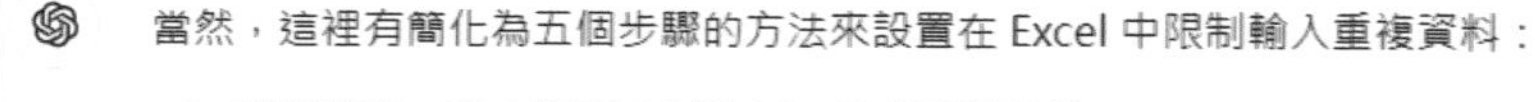

當然，這裡有簡化為五個步驟的方法來設置在 Excel 中限制輸入重複資料：

1. **選擇範圍**：選中範圍 A2 到 A21 的所有單元格。
2. **打開資料驗證**：點擊 Excel 頂部菜單的「資料」選項卡。
3. **設置規則**：在「資料工具」組中，選擇「資料驗證」。
4. **設置條件**：在彈出的對話框中，選擇「設置」標籤，在「允許」下拉菜單中選擇「自訂」，並在「公式」框中輸入以下公式：

```swift
=COUNTIF($A$2:$A$21, A2) = 1
```

這個公式確保了在範圍內 A2 到 A21 中的每個單元格都只能包含一次其自身的值。

5. **設置錯誤提示**：切換到「錯誤警告」標籤，勾選「輸入無效數據時顯示錯誤警告」，並填寫標題和錯誤消息 。

回到 Excel 完成

依 ChatGPT 的回覆，回到 Excel 如下操作：

STEP 01 選取 A2:A21 儲存格範圍，於 **資料** 索引標籤選按 **資料驗證** 清單鈕 \ **資料驗證** 開啟對話方塊。

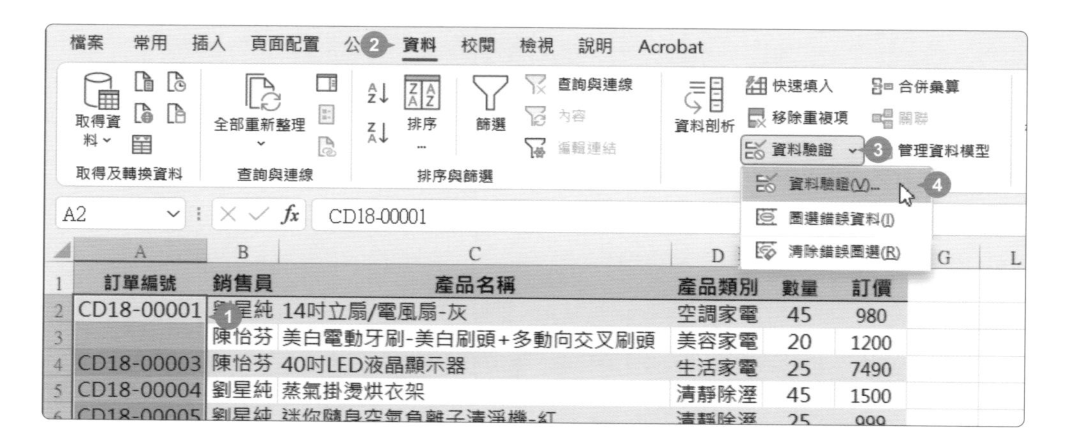

於 **設定** 標籤設定 **儲存格內允許**：**自訂**、**公式** 輸入：「=COUNTIF($A$2:$A$21, A2) = 1」。

於 **錯誤提醒** 標籤設定 **樣式**：**停止**、**標題** 輸入：「訂單編號錯誤」、**訊息內容** 輸入：「此訂單編號已使用」，選按 **確定** 鈕即完成。

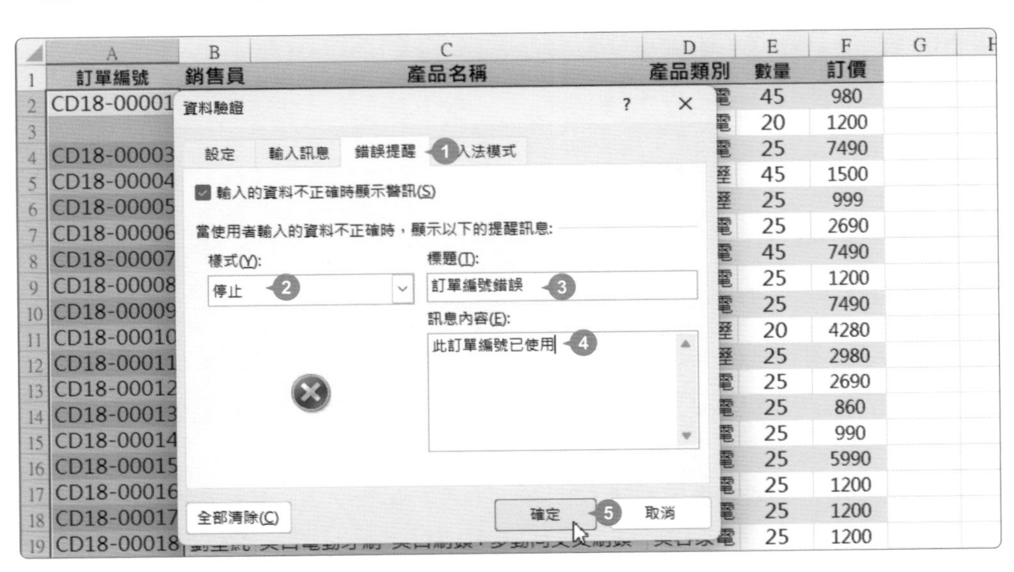

檢查數值資料欄位中是否包含文字

數值資料欄位中若包含文字，會影響運算結果、排序與圖表產生，或導致不正確的資料分析。

範例說明

產品銷售明細中要檢查 **數量**、**訂價** 欄位中是否包含文字，若有文字資料，儲存格將標示底色。

	A	B	C	D	E	F	G	H	I
1	訂單編號	銷售員	產品名稱	產品類別	數量	訂價			
2	CD18-00001	劉星純	14吋立扇/電風扇-灰	空調家電	45	980			
3	CD18-00002	陳怡芬	美白電動牙刷-美白刷頭+多動	美容家電	$	1200			
4	CD18-00003	陳怡芬	40吋LED液晶顯示器	生活家電	25	7490			
5	CD18-00004	劉星純	蒸氣掛燙烘衣架	清靜除溼	45	A			
6	CD18-00005	劉星純	迷你隨身空氣負離子清淨機-紅	清靜除溼	25	999			
7	CD18-00006	劉星純	直立擺頭陶瓷電暖器-灰	空調家電	25	2690			
8	CD18-00007	劉星純	40吋LED液晶顯示器	生活家電	45	7490			
9	CD18-00008	劉星純	美白電動牙刷-美白刷頭+多動	美容家電	25	1200			
10	CD18-00009	呂柏勳	40吋LED液晶顯示器	生活家電	25	7490			
11	CD18-00010	呂柏勳	蒸氣掛燙烘衣架	清靜除溼	數量	4280			
12	CD18-00011	呂柏勳	迷你隨身空氣負離子清淨機-紅	清靜除溼	25	*			
13	CD18-00012	郭立新	直立擺頭陶瓷電暖器-灰	空調家電	25	2690			
14	CD18-00013	陳怡芬	暖手寶-粉+白	空調家電	25	訂價			
15	CD18-00014	劉星純	數位式無線電話-時尚黑	生活家電	25	990			
16	CD18-00015	陳怡芬	奈米水離子吹風機-粉金	美容家電	25	5990			
17	CD18-00016	陳怡芬	美白電動牙刷-美白刷頭+多動	美容家電	25	1200			
18	CD18-00017	劉星純	美白電動牙刷-美白刷頭+多動	美容家電	25	1200			
19	CD18-00018	劉星純	美白電動牙刷-美白刷頭+多動	美容家電	25	1200			
20	CD18-00019	劉星純	手持按摩器	按摩家電	25	2980			
21	CD18-00020	呂柏勳	奈米水離子吹風機-粉金	美容家電	35	5990			

檢查 E2 到 F21 的資料，若為文字資料，儲存格標示底色。

ChatGPT 操作

在 ChatGPT 對話框中輸入以下提示詞，並送出：

提示詞指令：在 Excel 中，如何檢查 儲存格範圍 的資料是否包含文字，並將有文字的儲存格填入底色？

Prompt

在 Excel 中，如何檢查 E2 到 F21 的資料是否包含文字，並將有文字的儲存格填入底色？

得到此段 ChatGPT 回覆，以 **條件式格式設定** 功能搭配 **ISTEXT** 函數自訂公式檢查。

在Excel中，你可以使用條件格式來檢查E2到F21的資料是否包含文字，並將有文字的儲存格填入底色。以下是具體步驟：

1. **選取範圍**：首先，選取你要檢查的範圍，即E2到F21。
2. **開啟條件格式**：
    - 在Excel的功能區中，選擇"開始"選項卡。
    - 點擊"條件格式"按鈕。
3. **新增規則**： 在彈出的選單中，選擇"新建規則"。
4. **使用公式來決定要格式化的儲存格**：
    - 在"新建格式規則"對話框中，選擇"使用公式來決定要格式化的儲存格"。
5. **輸入公式**：
    - 在公式框中，輸入以下公式：

6. **設定格式**：
    - 點擊"格式化"按鈕，選擇你想要的3. **新增規則**： 在彈出的選單中，選擇"新建規則"。
    - 設定完成後，點擊"確定"。
7. **應用於範圍**： 點擊"確定"以應用這個條件格式規則。

回到 Excel 完成

依 ChatGPT 的回覆，回到 Excel 如下操作：

選取 E2:F21 儲存格範圍。

	A	B	C	D	E	F	G	H	I
1	訂單編號	銷售員	產品名稱	產品類別	數量	訂價			
2	CD18-00001	劉星純	14吋立扇/電風扇-灰	空調家電	45	980			
3	CD18-00002	陳怡芬	美白電動牙刷-美白刷頭+多動	美容家電	$	1200			
				生活家電	25	7490			
19	CD18-00018	劉星純	美白電動牙刷-美白刷頭+多動						
20	CD18-00019	劉星純	手持按摩器	按摩家電	25	2980			
21	CD18-00020	呂柏勳	奈米水離子吹風機-粉金	美容家電	35	5990			

於 **常用** 索引標籤選按 **條件式格式設定 \ 新增規則** 開啟對話方塊，於 **選取規則類型** 選按 **使用公式來決定要格式化哪些儲存格**、**格式化在此公式為 True 的值** 欄位輸入：「=ISTEXT(E2)」，選按 **格式** 鈕。

STEP 03

選按 **填滿** 標籤，選按合適的填滿色彩，選按 **確定** 鈕，回到對話方塊選按 **確定** 鈕即完成。

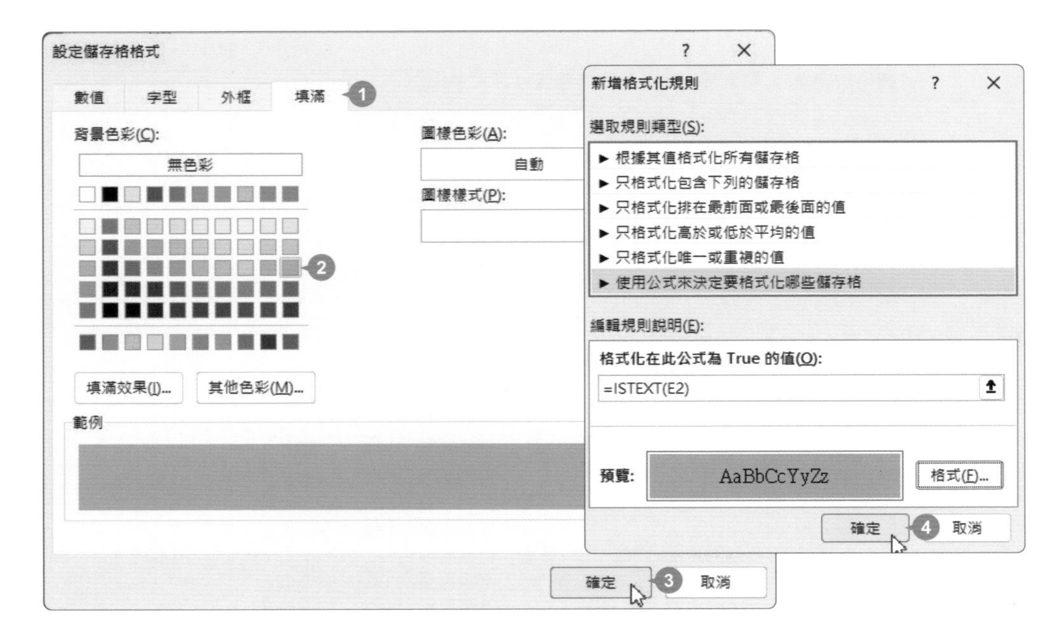

VLOOKUP 查找直向對照表的值

對照表建立需考慮結構、排序和內容...等，以確保在大型資料中能快速查找和提取。

範例說明

選課單中各課程專案價將依右側 **課程費用表** 訂定，首先於 **課程費用表** 中找到學員選擇的課程項目，再取得相對的專案價，過程中利用延伸公式產生每位學員相對應的專案價金額。

	A	B	C	D	E	F	G
1		台中店			課程費用表		
2	學員	課程	專案價		課程	專案價	
3	黃嘉意	3ds Max遊戲動畫設計	21999		Adobe跨界創意視覺設計	15,499	
4	張明宏	ACA國際認證班	19990		PHP購物網站設計	13,999	
5	黃嘉輝	TQC電腦專業認證	14888		ACA國際認證班	19,990	
6	陳嘉惠	PHP購物網站設計	13999		3ds Max遊戲動畫設計	21,999	
7	黃心菁	AutoCAD室內設計	12888		TQC電腦專業認證	14,888	
8	韓靜宜	3ds Max室內建築設計	12345		MOS微軟專業認證	12,888	
9	陳偉祥	MOS微軟專業認證	12888		AutoCAD室內設計	12,888	
10	蔡凱倫	AutoCAD室內設計	12888		3ds Max室內建築設計	12,345	
11	潘志偉	3ds Max室內建築設計	12345				
12	王凱翔	MOS微軟專業認證	12888				
13	許雅云	TQC電腦專業認證	14888				

顯示判斷後取得的課程專案價

ChatGPT 操作

在 ChatGPT 對話框中輸入以下提示詞，並送出：

提示詞指令：寫一個 Excel 公式，儲存格範圍 是一份 指定項目 對照表，對照表位置固定，儲存格範圍 是 項目資料 ，儲存格範圍 是 項目資料，在 儲存格 顯示學員上的 儲存格 課程專案價，最後將公式延伸到 儲存格。

Prompt

寫一個 Excel 公式，E3 到 F10 是一份課程費用對照表，對照表位置固定，E3 到 E10 是課程名稱，F3 到 F10 是專案價，在 C3 顯示學員上的 B3 課程專案價，最後將公式延伸到 C20。

得到此段 ChatGPT 回覆：在 C3 儲存格中輸入公式：「=VLOOKUP(B3,$E$3:$F$10,2,FALSE)」，查找對應的專案價格：

可以使用 `VLOOKUP` 函數來完成這個任務。以下是步驟和公式：

1. 確認E3到F10的課程費用對照表包含課程名稱在E欄和專案價在F欄。
2. 在C3中使用以下公式：

3. 將公式從C3複製並延伸到C20。

這樣，每當B欄有對應課程名稱，C欄就會顯示該課程的專案價。

延伸公式時，公式中的儲存格位址會自動依目的地儲存格位址相對調整，若希望參照的儲存格位址在延伸時不要變更，那就要用 "絕對參照"，只要在欄名或列號前加上 "$" 符號 (如：$B$1)，位址就不會隨著改變。

選按公式方框右上角 **複製程式碼**，複製該段公式。

可以使用 `VLOOKUP` 函數來完成這個任務。以下是步驟和公式：

1. 確認E3到F10的課程費用對照表包含課程名稱在E欄和專案價在F欄。
2. 在C3中使用以下公式：

3. 將公式從C3複製並延伸到C20。

這樣，每當B欄有對應課程名稱，C欄就會顯示該課程的專案價。

回到 Excel 完成

依 ChatGPT 回覆，回到 Excel 如下操作：選取 C3 儲存格，按 Ctrl + V 鍵，貼上剛剛複製的公式，判斷第一位學員的課程費用。

	A	B	C	D	E	F	G
1		台中店			課程費用表		
2	學員	課程	專案價		課程	專案價	
3	黃嘉意	3ds Max遊戲動畫設計	21999		Adobe跨界創意視覺設計	15,499	
4	張明宏	ACA國際認證班		(Ctrl)	購物網站設計	13,999	
5	黃嘉輝	TQC電腦專業認證			ACA國際認證班	19,990	
6	陳嘉惠	PHP購物網站設計			3ds Max遊戲動畫設計	21,999	
7	黃心菁	AutoCAD室內設計			TQC電腦專業認證	14,888	
8	韓靜宜	3ds Max室內建築設計			MOS微軟專業認證	12,888	
9	陳偉祥	MOS微軟專業認證			AutoCAD室內設計	12,888	
10	蔡凱倫	AutoCAD室內設計			3ds Max室內建築設計	12,345	
11	潘志偉	3ds Max室內建築設計					
12	王凱翔	MOS微軟專業認證					
13	許雅云	TQC電腦專業認證					
14	吳志成	PHP購物網站設計					

選取 C3 儲存格，按住右下角的 **填滿控點** 往下拖曳，至 C20 儲存格按開滑鼠左鍵，取得其他學員的課程費用。

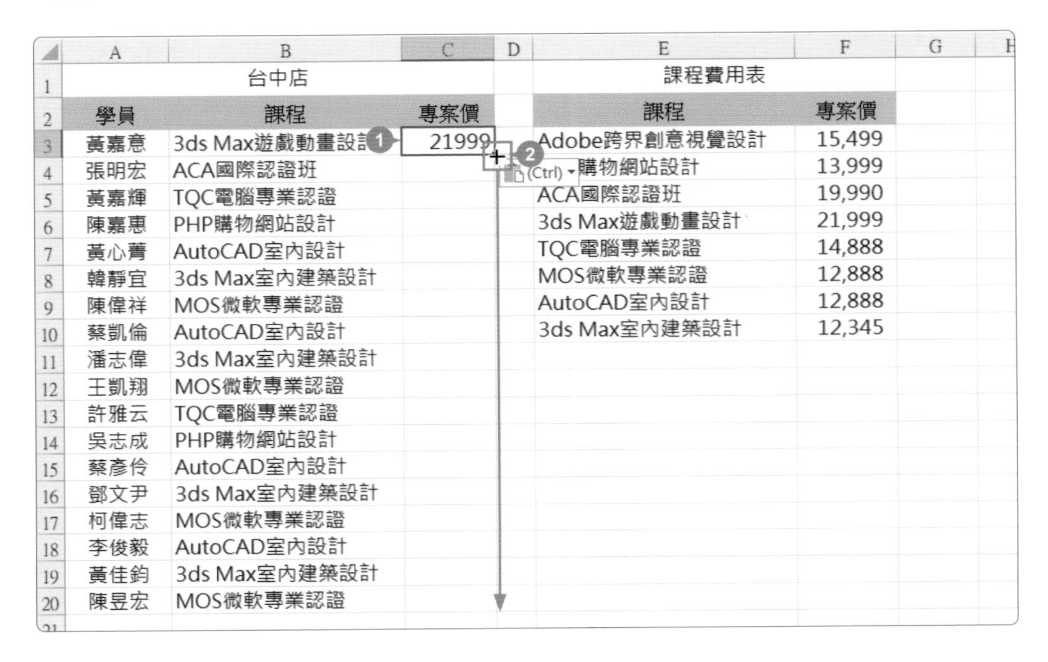

	A	B	C	D	E	F	G
1		台中店			課程費用表		
2	學員	課程	專案價		課程	專案價	
3	黃嘉意	3ds Max遊戲動畫設計	21999		Adobe跨界創意視覺設計	15,499	
4	張明宏	ACA國際認證班		(Ctrl)	購物網站設計	13,999	
5	黃嘉輝	TQC電腦專業認證			ACA國際認證班	19,990	
6	陳嘉惠	PHP購物網站設計			3ds Max遊戲動畫設計	21,999	
7	黃心菁	AutoCAD室內設計			TQC電腦專業認證	14,888	
8	韓靜宜	3ds Max室內建築設計			MOS微軟專業認證	12,888	
9	陳偉祥	MOS微軟專業認證			AutoCAD室內設計	12,888	
10	蔡凱倫	AutoCAD室內設計			3ds Max室內建築設計	12,345	
11	潘志偉	3ds Max室內建築設計					
12	王凱翔	MOS微軟專業認證					
13	許雅云	TQC電腦專業認證					
14	吳志成	PHP購物網站設計					
15	蔡彥伶	AutoCAD室內設計					
16	鄧文尹	3ds Max室內建築設計					
17	柯偉志	MOS微軟專業認證					
18	李俊毅	AutoCAD室內設計					
19	黃佳鈞	3ds Max室內建築設計					
20	陳昱宏	MOS微軟專業認證					

	A	B	C	D	E	F	G
1	台中店				課程費用表		
2	學員	課程	專案價		課程	專案價	
3	黃嘉意	3ds Max遊戲動畫設計	21999		Adobe跨界創意視覺設計	15,499	
4	張明宏	ACA國際認證班	19990		PHP購物網站設計	13,999	
5	黃嘉輝	TQC電腦專業認證	14888		ACA國際認證班	19,990	
6	陳嘉惠	PHP購物網站設計	13999		3ds Max遊戲動畫設計	21,999	
7	黃心菁	AutoCAD室內設計	12888		TQC電腦專業認證	14,888	
8	韓靜宜	3ds Max室內建築設計	12345		MOS微軟專業認證	12,888	
9	陳偉祥	MOS微軟專業認證	12888		AutoCAD室內設計	12,888	
10	蔡凱倫	AutoCAD室內設計	12888		3ds Max室內建築設計	12,345	
11	潘志偉	3ds Max室內建築設計	12345				
12	王凱翔	MOS微軟專業認證	12888				
13	許雅云	TQC電腦專業認證	14888				
14	吳志成	PHP購物網站設計	13999				
15	蔡彥伶	AutoCAD室內設計	12888				
16	鄧文尹	3ds Max室內建築設計	12345				
17	柯偉志	MOS微軟專業認證	12888				
18	李俊毅	AutoCAD室內設計	12888				
19	黃佳鈞	3ds Max室內建築設計	12345				
20	陳昱宏	MOS微軟專業認證	12888				
21							

小提示

VLOOKUP 函數說明

VLOOKUP 函數

- 說明：從直向對照表中取得符合條件的資料。
- 格式：**VLOOKUP (檢視值,對照範圍,欄數,檢視型式)**
- 引數：
  - **檢視值**　指定檢視的儲存格位址或數值。
  - **對照範圍**　指定對照表範圍 (不包含標題欄)。
  - **欄數**　數值，指定傳回對照表範圍由左算起第幾欄的資料。
  - **檢視型式**　檢視的方法有 TRUE (1) 或 FALSE (0)。值為 TRUE 或省略，會以大約符合的方式找尋，如果找不到完全符合的值則傳回僅次於檢視值的最大值。當值為 FALSE，會尋找完全符合的數值，如果找不到則傳回錯誤值 #N/A。

Part 07

AI 助理
幫忙打理行政大小事

讓 AI 助理自動處理日程安排、郵件管理、文件整理...等行政事務，提升效率並減少錯誤發生，可以幫助企業和個人節省時間與成本，更專注於創造性和戰略性的任務。

AI 行政助理快速完成每日工作

應用智慧技術數位工具可以自動完成重複性工作，減少人為錯誤，有效提升了工作效率，使企業運營更加順暢。

AI 工具在行政管理中能夠提供高效、準確且節省成本的解決方案，例如日程安排、會議記錄、客戶服務...等，提升工作效率和準確性。

AI 工具助力企業高效運營

- **影片製作**：逐字稿服務、多國 AI 配音、創建虛擬主播和音樂創作，協助更高效地完成簡報、影音、會議記要...等，提升工作效率。
- **會議記錄**：藉由會議期間錄音、錄影，會後可生成會議記錄文字稿、會議重點、後續追蹤項目...等其他會議相關事項，方便後續將關鍵重點、備註和行動項目分發給相關人員。
- **日程安排**：管理日曆、會議時程、提醒重要日期和活動...等。能自動調整會議期程，避免時間重疊，省下手動安排時所花費的時間。
- **電子郵件行銷與訂單處理**：優化電子郵件訊息，有效提升品牌形象和產品銷售。收到緊急訂單時，協助擬定大綱並撰寫會議郵件，迅速匯集人員處理。
- **客戶服務**：提供即時客戶回覆，回答常見問題，提升顧客的服務滿意度。

確保 AI 工具使用的安全性與準確性

- **安全與隱私**：使用 AI 工具時，應重視資訊數據保護和隱私。僅提供必要訊息，避免輸入或上傳敏感的個人訊息，如密碼、銀行賬戶信息，或公司的機密資料。
- **信息驗證**：對於重要決策或專業領域的訊息，建議交叉驗證 AI 提供的內容。AI 提供的訊息基於訓練數據和已知訊息庫，可能不完全準確或最新。

Studio 雅婷 AI 高效語音辨識轉錄為文字稿

Studio 雅婷 AI 工具提供逐字稿服務、支援 SRT 字幕格式、虛擬主播...等功能，協助職場提升效率、增強創意表達。

透過雅婷的 AI 語音辨識技術，無論是會議記錄、訪問、用戶或客戶訪談...等，都能快速將影片、語音轉為文字，方便檢索和分享。

開啟瀏覽器，於網址列輸入：「https://studio.yating.tw/」，進入 "Studio | 雅婷" 網站。選按 **服務 \ 逐字稿**，再選按 **立即試用**。

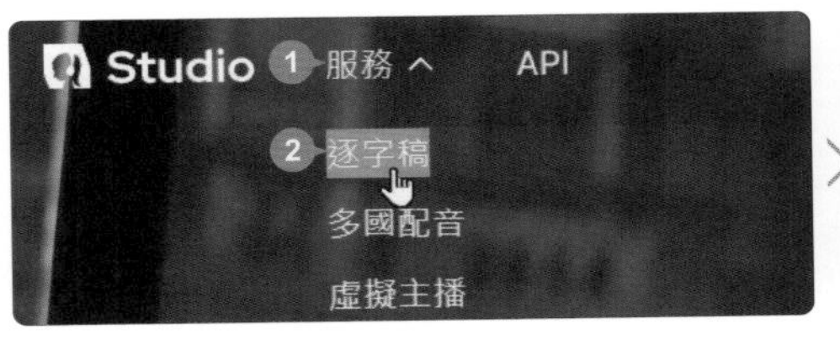

STEP 02

開始操作前，需先登入帳號，可選擇 Google 或 Apple 帳號，依步驟完成登入。

STEP 03

選按 **新增逐字稿** 鈕 \ **上傳影音檔**，依影片內容選擇語言，再選擇要開啟的檔案，選按 **開啟** 鈕。

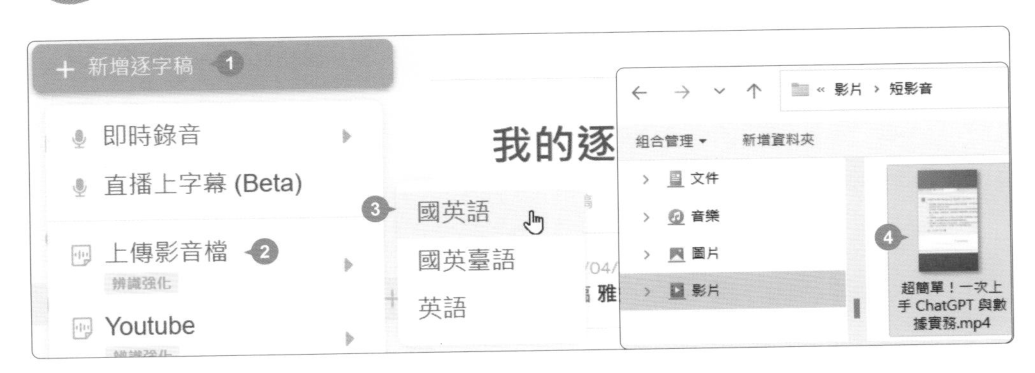

我的逐字稿 會顯示正在處理的項目 (右側顯示 **等待中** 或 **處理進度條**)，待上傳的影音檔處理完成 (滑鼠指標移至文字上方會呈手指狀；影片時間長度不同，處理的時間長度也會不同。)。

STEP 05 清單中選按該項目開啟瀏覽，於 **逐字稿** 標籤可看到轉換出來依時間點整理的文字內容，可於畫面右上角選按 **編輯** 調整產生的逐字稿內容。

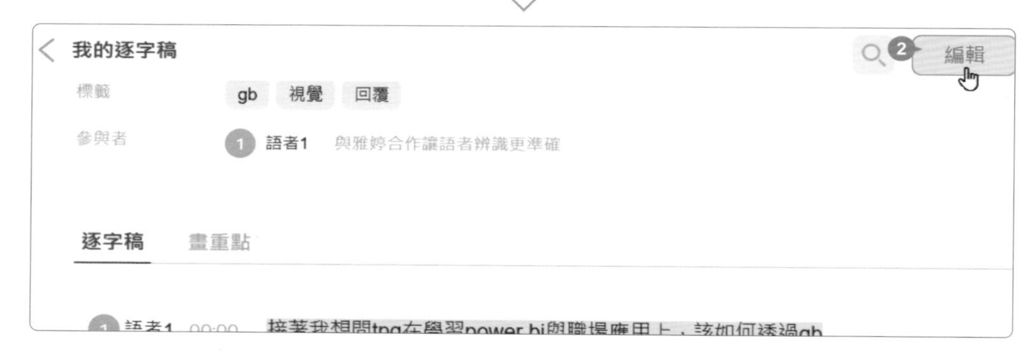

STEP 06 **逐字稿** 標籤，於下方逐字稿內容修訂錯誤 (可選按下方 ▶ 播放鈕，邊聽邊確認逐字稿。)，完成調整後選按 **結束編輯** 鈕。

逐字稿 標籤，滑鼠指標移至右下角 T，再往上選按 **畫重點**，可以在目前的逐字稿文字上，以拖曳的方式標註內容重點，標註的重點則會整理在 **畫重點** 標籤中，並於後續匯出 TXT 格式檔文字內容時，同時整理列項在其中。

STEP 08

最後右上角選按 **選單** 鈕 \ **匯出**，此工具支援多款匯出格式檔，在此示範 TXT 文字格式檔。指定以 **txt(.txt)** 格式匯出，編修檔名，核選匯出的內容，選按 **下一步** 鈕，設定匯出細節，完成後選按 **匯出** 鈕即可。(若後續要藉由 chatgpt 總結與整理，建議關閉所有 **匯出細節** 項目。)

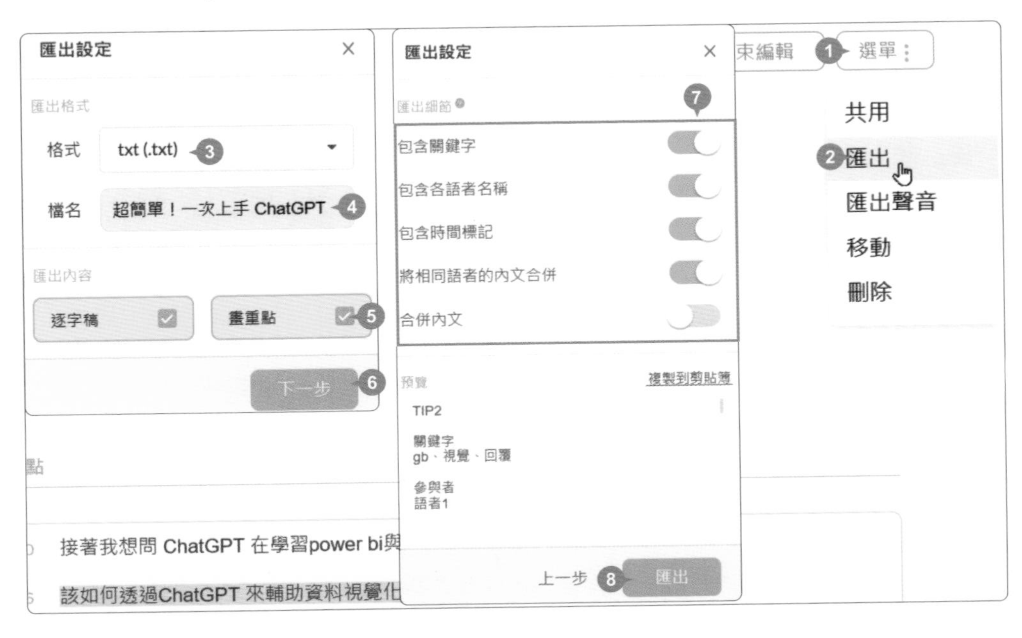

Tactiq AI 自動依發言者記錄、整理會議文字稿

Tactiq 此 Google Chrome 瀏覽器擴充元件，支持 Google Meet、teams、Zoom、Webex...等線上會議逐字記錄和摘要，每個月可免費使用 10 次，讓你不會錯過任何一個會議重點。

在 Chrome 瀏覽器安裝 Tactiq

STEP 01 登入 Google 帳號後，於 Google Chrome 瀏覽器右上角選按 ⋮ \ **擴充功能 \ 前往 Chrome 線上應用程式商店**。

STEP 02 於 **Chrome 線上應用程式商店** 右上角 🔍 搜尋欄位輸入：「Tactiq」，清單中再選按 **Tactiq：ChatGPT 會議摘要**。

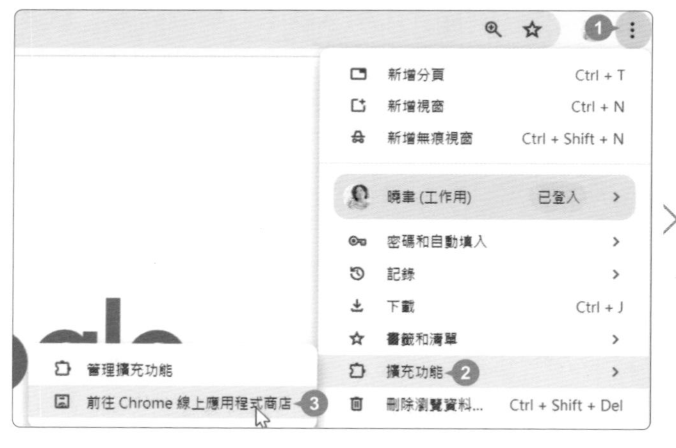

STEP 03 選按 **加到 Chrome** 鈕，再於彈出的對話方塊選按 **新增擴充功能** 鈕，安裝完成後選按 **Continue** 鈕。

核選欲使用的 Apps 呈 ● 狀 (可複選，後續操作會以 **Google Meet** 示範，因此核選 **Google Meet**。)，選按 **Continue** 鈕。

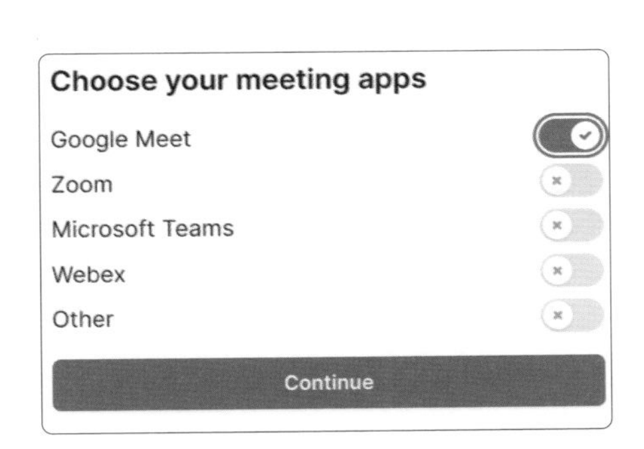

STEP 05

授權畫面上選按 **ENABLE TACTIQ** 鈕，對話方塊再選按 **允許** 鈕，接著選擇要登入的帳號，在此使用 Google 帳號直接登入，選按 **Continue with Google** 鈕。

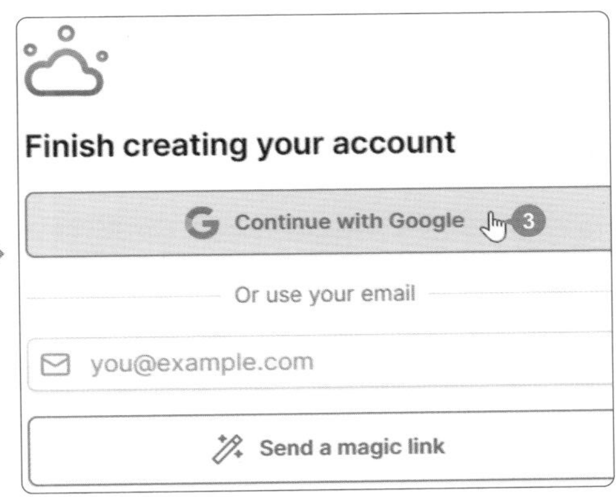

STEP 06

於 **選擇帳戶** 畫面選按要使用的 Google 帳號，接著再依步驟完成用戶授權，最後再選按 **I'll try it later** 略過即可。

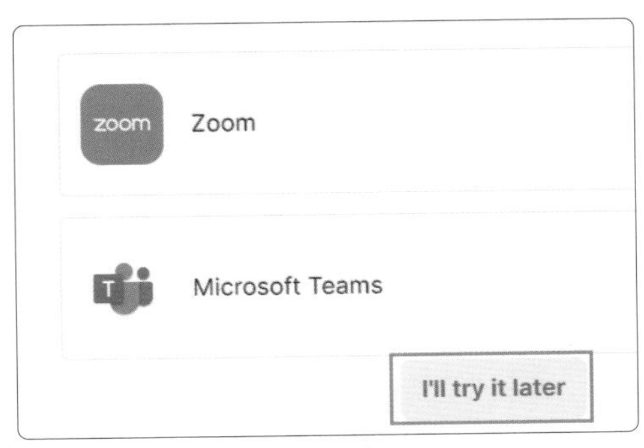

記錄 Google Meet 會議

進入 Google Meet 會議之後，於右側會自動開啟 Tactiq 側邊欄。可先選按 **CHANGE**，於 **設定** 畫面的 **字幕 \ 會議語言** 依這次與會人員主要用語選擇合適的語系，設定完成後於畫面空白處按一下即可回到會議畫面。

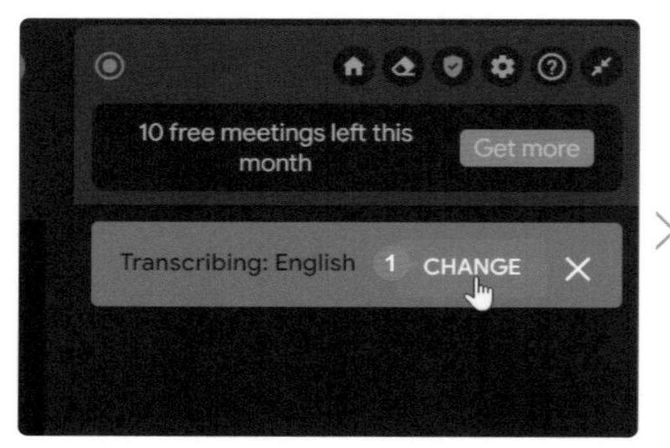

開啟 Google Meet 會議留言板：於 Tactiq 側邊欄右上角選按 將側邊欄最小化，畫面右下角再選按 即可開啟會議留言板。

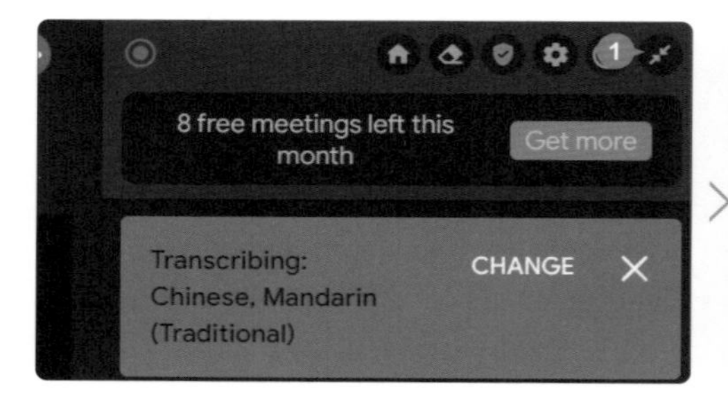

畫面右側再選按 ，即可再開啟 Tactiq 側邊欄。

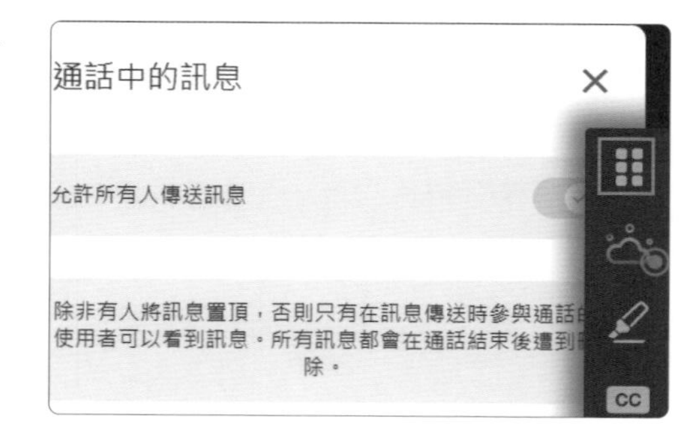

會議開始後，於 Tactiq 側邊欄就會依發言者或留言板的訊息，依序將整個過程記錄下來。

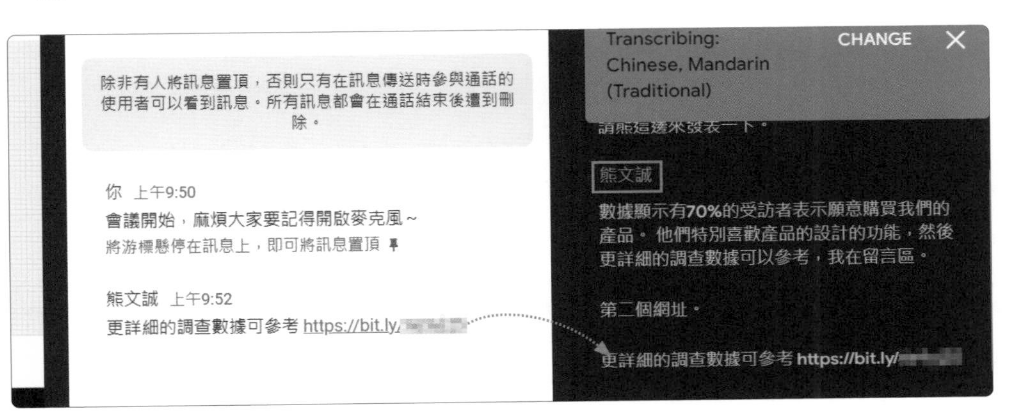

將滑鼠指標移到每一句記錄上時，會顯示 🎯、☑、❓、💡 圖示，選按圖示即可為該句加上標示。

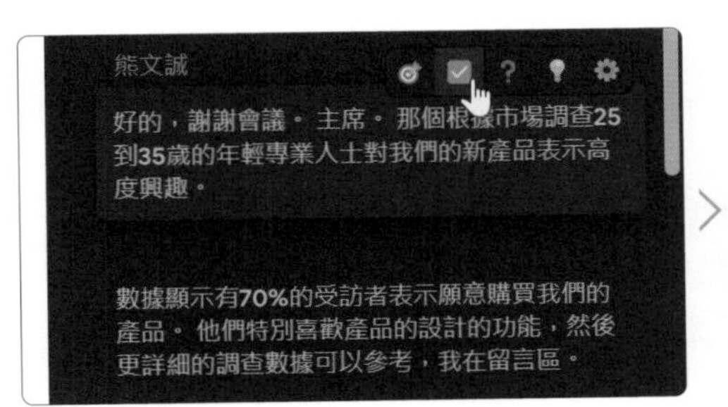

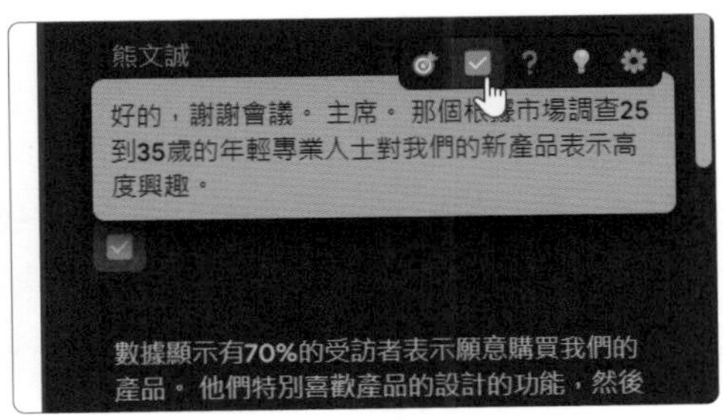

於 **NOTES** 標籤可手動輸入文字記錄；畫面右下角選按 ⏸ 可暫停記錄，再選按一次即可重新開始記錄；選按 📷 可保存目前會議畫面的截圖，；選按 ⋖ 可分享此份記錄內容予指定的電子郵件或以連結分享；選按 ☰ 可進入文件管理畫面。

為會議記錄命名並以 AI 整理

STEP 01 結束會議之後，會自動開啟 Tactiq 畫面，如果沒有開啟，可於網址列輸入：「https://app.tactiq.io/」進入 Tactiq 畫面，再於左側 **#My Meetings** 項目中找到會議記錄。

STEP 02 選按要開啟的會議記錄進入記錄畫面，於畫面右上角選按 ，對話方塊中輸入欲命名的會議記錄名稱後，選按 **Rename** 鈕即可。

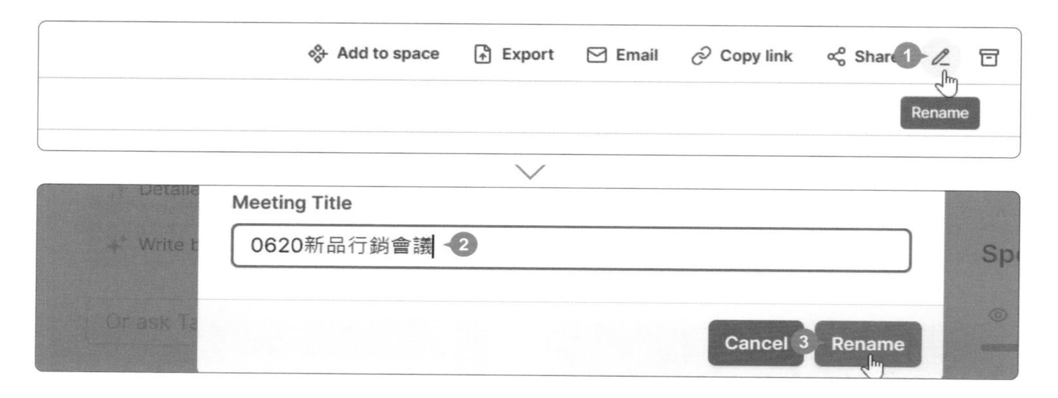

STEP 03 首次使用需選按 **Generate now** 鈕，於 **AI Tools** 欄位輸入整理摘要、引文或後續行動項目、翻譯為其他語系...等要求 (或可直接選按上方的建議提示詞區塊)，再選按 **Ask** 鈕，待 AI 回覆問題後，於上方選按 **Copy** 複製資料，後續可傳送給其他與會人員參考或備存。

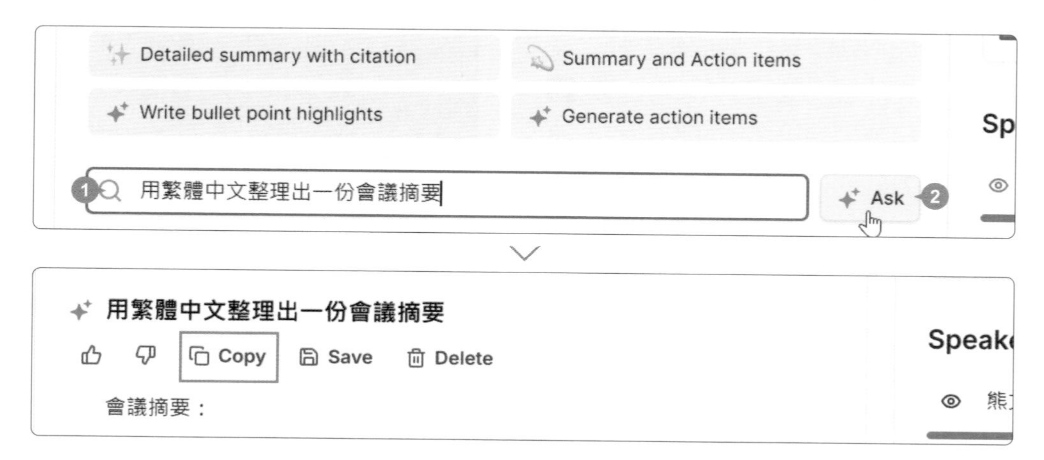

以 PDF 或 TXT 文字檔匯出會議記錄

開啟會議記錄後，可於畫面右上角選按 Export，再選按要匯出的檔案類型；若是使用 Chrome 瀏覽器，完成下載後於瀏覽器右上角選按 ，清單中選按已完成匯出的檔案即可開啟。(由於語系問題，匯出的 PDF 檔內容會呈現亂碼，若需要 PDF 檔案，建議可先下載 TXT 文字檔案再以其他軟體轉為 PDF 檔案。)

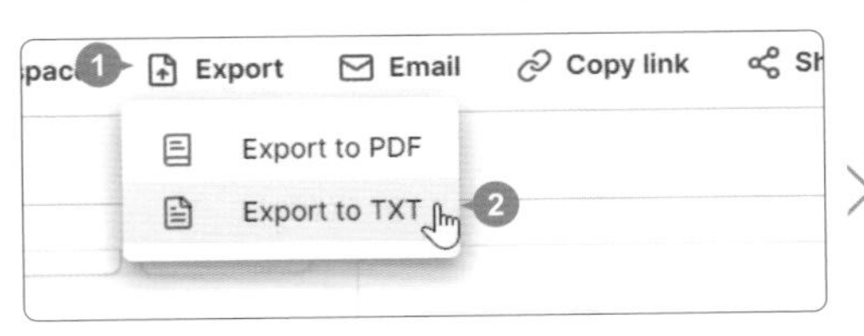

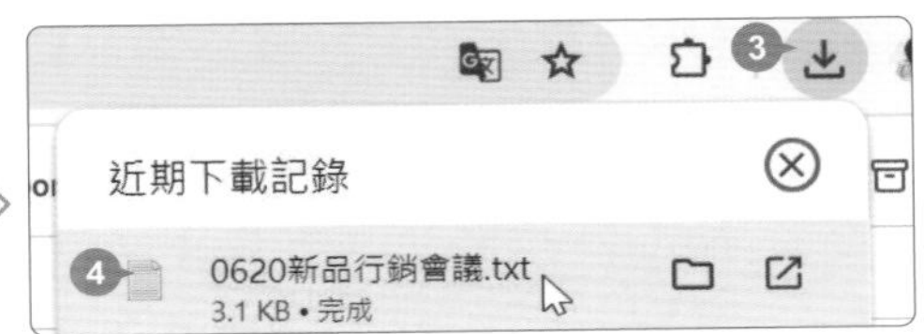

以 Email 或連結分享會議記錄

編輯完成的會議記錄也可以用 Email 或連結分享給有 Tactiq 帳號的同事。

於畫面上方選按 **Email**。

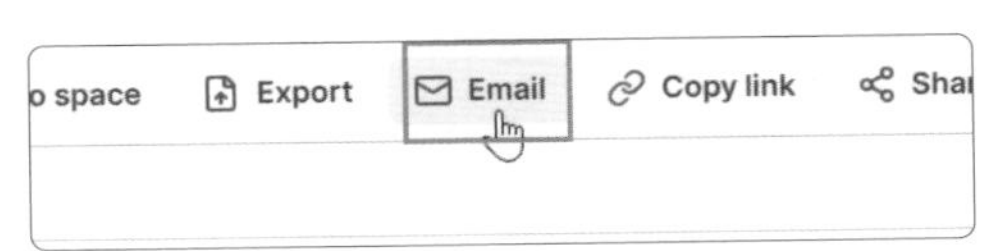

於 **Share by email** 對話方塊欄位中輸入對方的電子郵件信箱，再選按 **Add** 鈕 (可輸入多組電子郵件信箱)，輸入完成後選按 **Share** 鈕，即會將會議記錄以電子郵件方式傳送給對方。

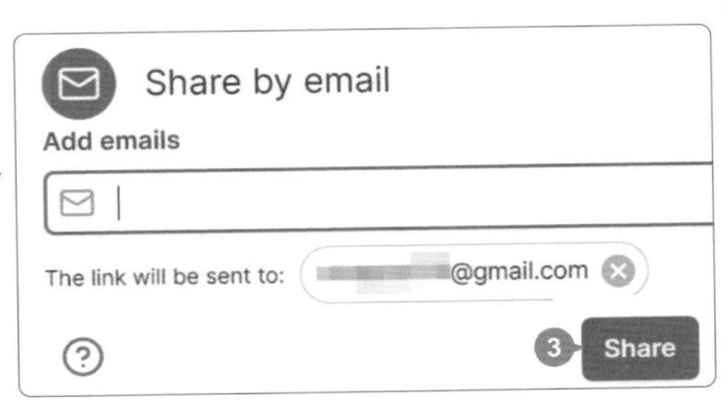

另外也可以於畫面上方選按 **Copy link**，再將複製的連結傳送給對方即可。

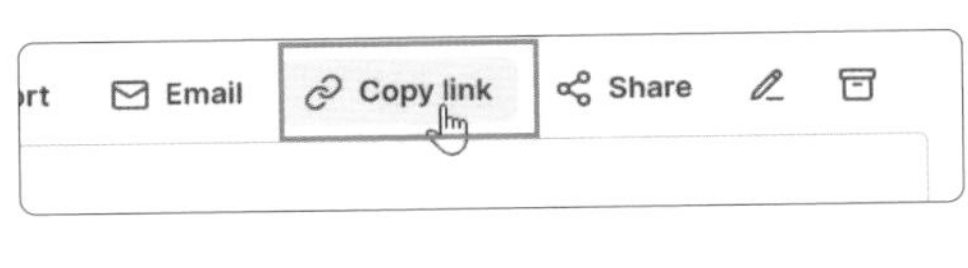

Notion AI 自動生成會議總結、列項與行動清單

Notion 是一款整合筆記、資料庫和任務管理的全能生產力工具。Notion AI 會自動依會議記錄內容，辨識整理出會議摘要、總結重點、列項還有後續追蹤的行動清單。

註冊帳號

開啟瀏覽器，於網址列輸入：「https://www.notion.so/」，進入 Notion 網站，選按 **Get Notion free** 鈕，接著再選擇自己習慣的方式註冊，在此選按 **Continue with Google**。

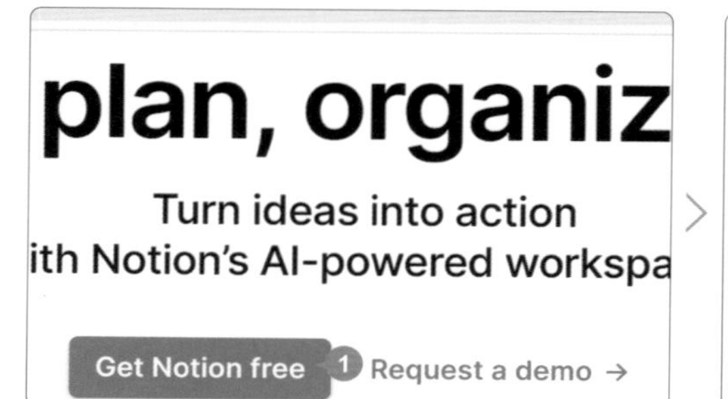

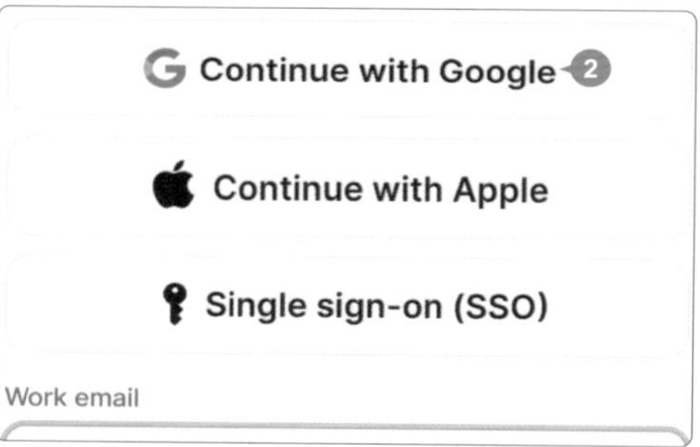

依步驟完成帳號登入，接著在詢問使用者用途問題中選按合適的項目 (在此示範 **For personal use**)，再按 **Continue** 鈕即完成 (若有出現付費升級或其他訊息時可選按 **Skip for now**)。

複製會議記錄範本

為方便功能練習，可複製事先設計好的範本使用。登入 Notion 帳號後，於網址列輸入「https://bit.ly/4cjPdJR」，開啟會議記錄 Notion 範本，於畫面右上角選按 **Duplicate**，接著選按 **Add to Private** 鈕，將範本複製到自己的 Notion 工作區中。

範本上方已列項會議日期、地點、主持人、與會者相關資訊，下方則是會議記錄內容，後續可置換為實際的開會資料。

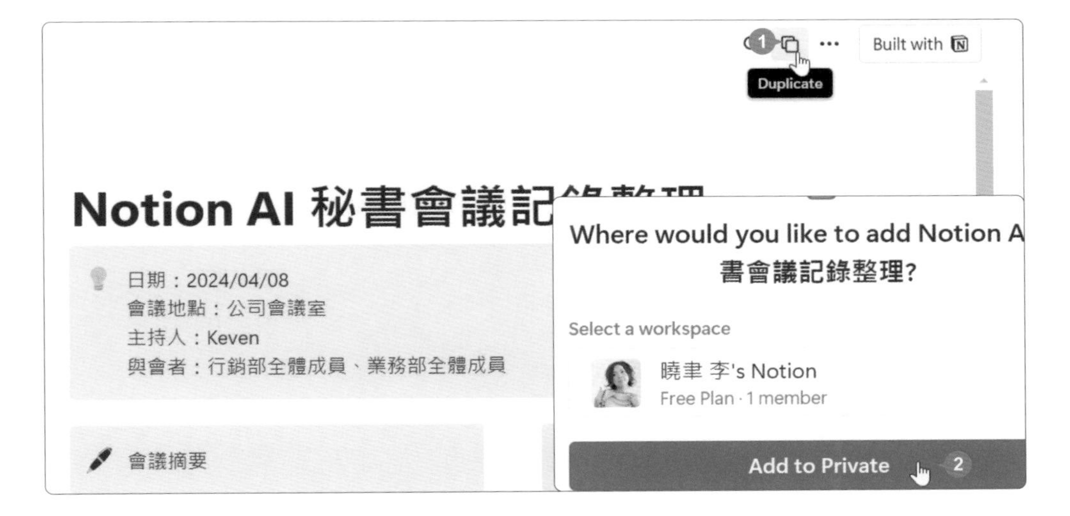

加入 AI 會議整理欄位

於 "會議摘要" 下方按一下滑鼠左鍵，輸入：「/Custom AI Block」，再選按 **Custom AI Block**，插入此 AI 區塊。

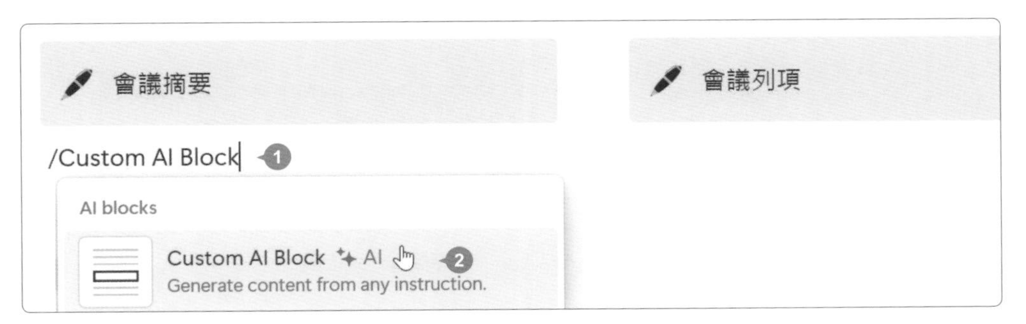

接著於欄位中輸入提示詞：「依下方 "會議記錄內容" 整理總結 summarize ，以專業的方式說明，100字以內」，選按 **Generate** 鈕，等待一下後就會於欄位中出現生成的結果。(免費帳號可以生成 20 次)

生成之後，選按快速工具列 **Generated by AI** 可開啟提示詞對話框，調整提示詞、重新送出、生成；如果修改會議記錄後想重新生成內容，選按 **Updaste** 則會依目前提示詞重新生成。

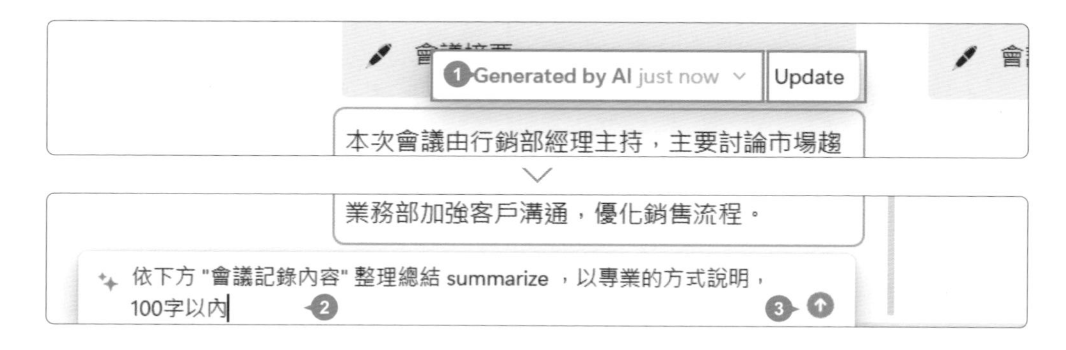

相同操作方式，於 "會議列項" 下方插入 **Custom AI Block** 區塊，輸入：「依下方 "會議記錄內容" 整理關鍵重點 find action items」。

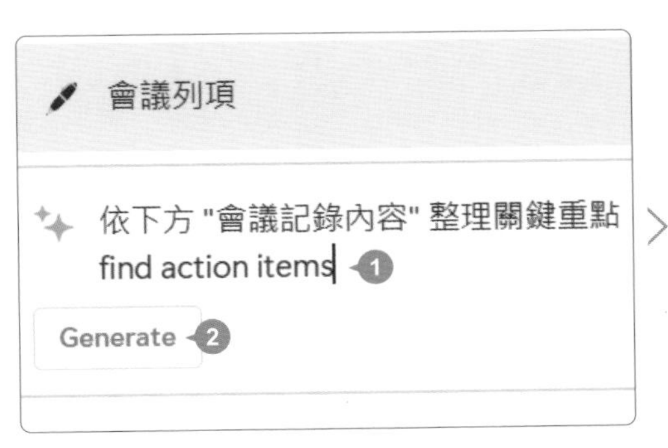

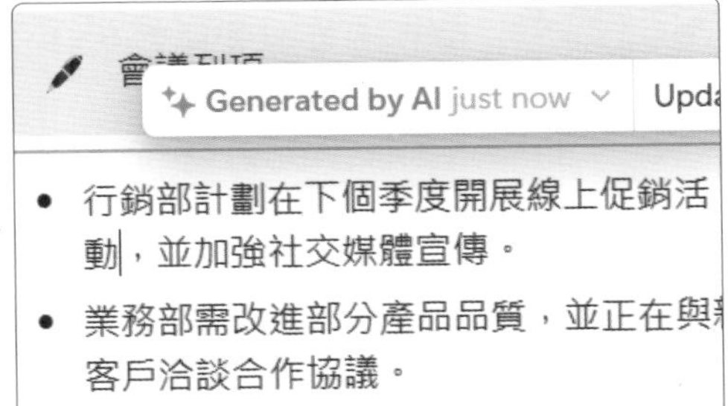

相同操作方式，於 "後續安排與建議" 下方插入 **Custom AI Block** 區塊，輸入：「依下方 "會議記錄內容"，整理會議後續安排與建議」。

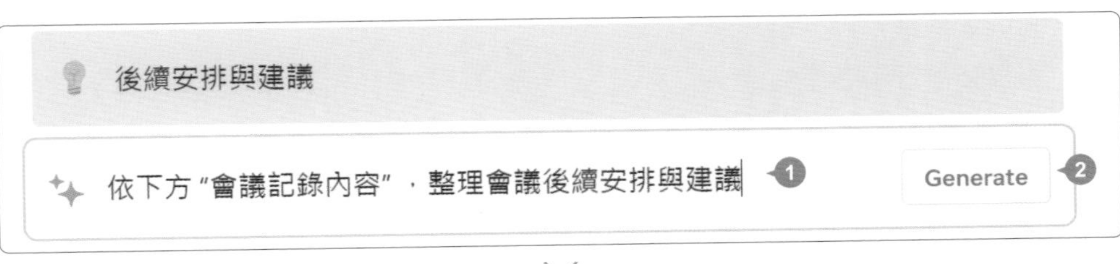

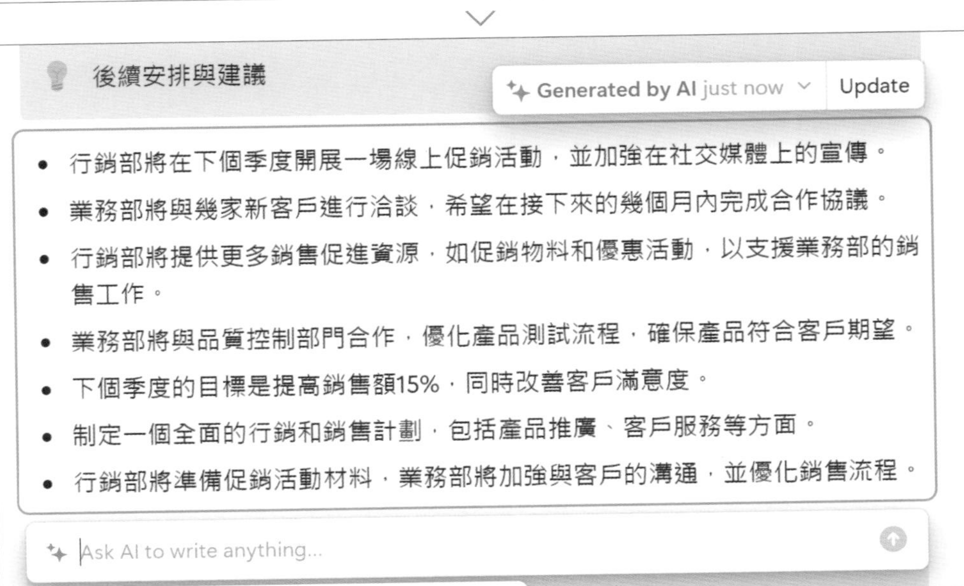

快速安排繁忙的工作排程

一週工作繁忙雜多，利用 AI 快速安排工作排程，不僅能提高效率，還能減少出錯機率。

將所有工作都列項輸入，再讓 ChatGPT 依工作日安排行程。

提示詞指令：我這一週工作內容下: 列舉工作內容

請協助我規劃以上任務單，將任務分配到 工作日

Prompt

我這一週工作內容下：

· 檢查 A 產品行銷文案

· 與行銷銷部門討論下個月產品數位平台行銷專案

· 與會計部討論下半年行銷預算

· 面試 3 位業務人員

· 面試 2 位行銷助理

· 接待法國鈕扣代理商

· 到高雄與廣告商開會

· 與研發部門討論明年上半年新產品開發計畫

請協助我規劃以上任務單，將任務分配到週一到週五

以下是您這一週的工作任務分配建議：

週一

- 檢查 A 產品行銷文案
- 與行銷部門討論下個月產品數位平台行銷專案

週二

- 與會計部討論下半年行銷預算
- 面試 3 位業務人員

以下省略

接著請 ChatGPT 將上一步的規劃內容轉為 Excel 檔案，可以直接下載使用。

Prompt

請將上述工作分配用表格方式整理，欄位標題為週一至週五，並再整理為 Excel 格式檔案，方便我下載保存。

已將工作分配整理為欄位標題為週一至週五的表格並儲存為 Excel 文件。您可以點擊以下連結下載保存：

下載工作分配表格 [>-]

STEP 03

選按連結文字即可開始下載檔案，待完成下載，於 Google Chrome 瀏覽器右上角選按 ，再選按檔案，即可使用 Excel 軟體開啟並編輯。

已將工作分配整理為欄位標題為週一至週五的表格並儲存為 Excel 文件。您可以點擊以下連結下載保存：

下載檔案

1 下載工作分配表格 [>-]

5110-bd27-4bf7-9c18-108a742482ac

2

3 weekly_tasks.xlsx
5.6 KB • 完成

下載完成後不再顯示

GPT

・到高雄與廣告
・與研發部門討
請協助我規劃以

好的，這是將您的工作任務分配到週一到週五的計劃：

週一

1. 檢查A產品行銷文案

	A	B	C	
1	週一	週二	週三	
2	檢查 A 產品行銷文案	與會計部討論下半年行銷	面試 2 位行銷助理	到高雄
3	與行銷部門討論下個月產品數位平台行銷專案	面試 3 位業務人員	接待法國鈕扣代理商	
4				

行銷、會議邀請與催帳郵件撰寫

掌握行銷、會議邀請與催帳郵件撰寫的最佳內容，讓溝通更具影響力，提升品牌形象與業務成效。

電子郵件商品行銷

要透過電子郵件 (EDM) 傳遞行銷品牌和產品訊息，開信率與點擊率是衡量電子郵件行銷效果的關鍵指標。

讓 ChatGPT 以行銷部門經理的身分，提問時輸入商品名稱與特色，並重點強調需要以高開信率與高點擊率為目標。

提示詞指令：你是行銷部門經理，請寫一封可以提高開信率與點擊率，適合行銷「產品名稱」的電子郵件。

Prompt

你是行銷部門經理，請寫一封可以提高開信率與點擊率，適合行銷「有機哈密瓜」的電子郵件。

當然可以！以下是一封適合行銷「有機哈密瓜」的電子郵件範本：

主旨：享受夏日甜美！立即品嚐我們最新鮮的有機哈密瓜

親愛的顧客，

夏天到了，您是否在尋找一種既健康又美味的水果來消暑？我們非常高興地向您介紹我們最新鮮的有機哈密瓜！

有機認證，安全放心

我們的哈密瓜來自經過嚴格有機認證的農場，不使用任何化學農藥和肥料。每一口都充滿大自然的甜美，讓您吃得安心。

以下省略

緊急會議電子郵件

突然收到顧客的緊急訂單，需要馬上匯集相關人員並著手處理，可以請 ChatGPT 先擬出相關事項大綱，再依規劃寫出相關會議電子郵件。

讓 ChatGPT 以專案經理的身分，提問時輸入專案目標，並強調專案時間限制與目標，擬定會議相關事項。

提示詞指令：你是 職稱，目前接到顧客要 專案目標 的專案,因為顧客要在 專案時間限制，所以需要緊急召開會議討論，請列出規劃階段，需要召開哪些會議，與會人員、討論議題。

Prompt

你是專案經理，目前接到顧客要製作一個訂製商品的專案，因為顧客要在一個月內量產，所以需要緊急召開會議討論，請列出規劃階段，需要召開哪些會議，與會人員、討論議題。

在規劃階段，需要召開以下會議以確保訂製商品專案能夠在一個月內順利量產。每個會議的主要與會人員和討論議題如下：

1. 項目啟動會議（Kick-off Meeting）

與會人員：

- 專案經理
- 客戶代表
- 產品設計師
- 生產經理
- 供應鏈經理
- 財務經理

討論議題：

- 專案目標和範圍

以下省略

接著請 ChatGPT 依照上一步的規劃內容，寫一封電子郵件給相關人員召開專案開發會議，內容包含與會人員、討論議題、時間與地點。

提示詞指令：依以上相關規劃，寫 E-mail 召開專案開發會議。

與會人員：相關人員

討論議題：討論內容

時間：開會時間

地點：開會地點

Prompt

依以上相關規劃，寫 E-mail 召開專案開發會議。

與會人員：專案經理、項目所有人、利益相關者

討論議題：確定專案目標、範圍、時程、預算其他關鍵因素

時間：2024/08/01，早上 9 點

地點：508 會議室

當然，以下是一封邀請專案開發會議的電子郵件範本：

主旨：邀請參加專案開發會議 - 2024/08/01 早上 9 點

親愛的各位同事，

為了確保我們的新訂製商品專案能夠在預定的時間內順利完成，特此邀請您參加專

範圍、時程、預算及其他關鍵因素。

- 確認專案範圍
- 制定專案時程
- 討論專案預算
- 其他關鍵因素

請各位提前做好準備，攜帶相關資料，並準時出席。我們期待您的參與和寶貴的意見，幫助我們確保專案的成功。

延遲交貨道歉電子郵件

當顧客訂貨，而公司沒有辦法如期交貨，必須要寫一封道歉信，詳細說明延誤的原因及理由，並提出後續的補償措施，以挽回顧客的信任。

讓 ChatGPT 以業務經理的身分，同時寫出中文與英文的交貨延遲道歉信，發送給相關的顧客，這樣不僅能減少翻譯上的時間和錯誤，還能在第一時間把心意與訊息傳達給顧客。

提示詞指令：你是 職稱，指定對象 抱怨 客訴事項，造成 客訴事項 的原因，是因為 原因，但我們現在 解決方案。請你以專業誠懇的口語寫一封道歉信給 指定對象，另一封道歉信以 語言 撰寫給 指定對象。

Prompt

你是業務經理，代理商抱怨為什麼商品沒如期交貨，造成產品無法如期交貨的原因，是因為我們公司的生產部門員工集體確診，導致作業人員大幅減少，但我們現在已請員工加班盡力趕工，且又遇上海運延遲。請你以專業誠懇的口語寫一封道歉信給台灣代理商總經理，另一封道歉信以英文撰寫給美國代理商。

當然，以下是兩封道歉信，一封給台灣代理商總經理，另一封給美國代理商。

給台灣代理商總經理的道歉信

尊敬的[總經理名字]先生/女士：

您好！

首先，我要對貴公司近期在我們的合作中所遇到的不便深表歉意。由於我們生產部門突然發生集體員工確診，導致人手嚴重不足，這直接影響了我們的生產進度。

儘管我們已經採取了緊急措施，包括安排員工加班趕工，但我們仍然面臨著海運延遲的問題，進一步加劇了交貨時間的拖延。

我們非常理解這一問題對貴公司的影響，對此我們深感抱歉。我們會竭盡全力加快生產進度，並採取一切可能的措施縮短交貨時間，力求在最短的時間內完成交付。

以下省略

道歉信給美國代理商（英語）

Dear [General Manager's Name],

I hope this message finds you well.

First and foremost, I would like to extend my sincerest apologies for the recent delays in our product deliveries. Unfortunately, our production department faced a sudden outbreak of COVID-19 among our employees, resulting in a severe manpower shortage.

Although we have taken immediate actions, such as asking our remaining staff to work overtime to catch up, we are now confronted with additional delays due to disruptions in sea freight schedules.

We fully understand the inconvenience this situation has caused your company, and for this, we are deeply sorry. Please be assured that we are doing everything within our power to expedite the production process and

以下省略

催帳電子郵件

確認我方商品已出貨，但對方的付款期限已過，我方仍未收到相關貨款或其他通知，在此情況下，可以列出相關時程與商品品項數量，以理性委婉的語氣請對方盡快付款。

提示詞指令：你是 職稱，公司於 出貨的日期、品項與數量等相關訊息 出貨，原定 付款日期 代理商需付款 付款數目 貨款，但現在已經 目前日期 還未支付。請寫一封給該公司 對方公司對應付款聯絡窗口，希望他們能盡快完成款項的支付，以利後續的合作與出貨，語氣盡量委婉，不要用到任何威脅性的詞語。

你是會計部門經理，公司於 8/1 已經將代理商叫貨的 1000 台空氣清淨機出貨，原定 9/25 代理商需付款 150 萬貨款，但現在已經 11/2 還未支付。請寫一封給該公司會計主管 Mary，希望他們能盡快完成款項的支付，以利後續的合作與出貨，語氣盡量委婉，不要用到任何威脅性的詞語。

當然，以下是一封給代理商會計主管 Mary 的委婉催款信：

親愛的 Mary，

您好！

希望您一切順利。

我們注意到貴公司於 8 月 1 日收到的 1000 台空氣清淨機訂單，原定於 9 月 25 日支付的 150 萬貨款尚未收到。由於我們非常重視與貴公司的長期合作，因此希望能夠確保每次交易的順利進行。

我們理解貴公司可能遇到了一些不可預見的情況，導致付款延遲。為了便於後續的合作與出貨安排，請問是否能夠協助我們盡快完成這筆款項的支付？

如果您有任何需要進一步了解的問題或需要我們提供協助的地方，請隨時與我聯繫。我們希望在貴公司的支持下，能夠繼續保持良好的合作關係。

感謝您的理解與合作。

祝您工作愉快！

此致

敬禮

[您的名字]

以下省略

行銷文案、PDF 翻譯與文法糾正

與國外廠商溝通需使用外語撰寫文件資料時，可以利用 ChatGPT 修正語法和用句，或將已有的內容翻譯成外文。

翻譯商品行銷文案

當需要將商品介紹給國外顧客時，可以利用現有的中文內容，透過 ChatGPT 進行翻譯。不僅能得到準確的譯文，還能提升工作效率。

提示詞指令：請將下方的文字內容翻譯成英文：文案內容。

Prompt

請將下方的文字內容翻譯成英文：

這個夏天，讓您的味蕾感受最純粹的甜美！我們非常榮幸地向您介紹我們最新上市的有機哈密瓜。

天然甜美，無與倫比的口感

我們的有機哈密瓜來自純淨無污染的田園，採用最天然的種植方式，不使用任何化學肥料和農藥。每一口都是大自然最真實的饋贈。

健康與安全的保證

我們承諾每一顆哈密瓜都經過嚴格的品質檢測，確保每位顧客都能享受到安全、健康的水果。...(完整文案內容請參考提示詞 txt 檔)

This summer, let your taste buds experience the purest sweetness! We are thrilled to introduce our newly launched organic Hami melons.

Naturally sweet with an unparalleled taste

Our organic Hami melons come from pristine, unpolluted fields and are grown using the most natural methods, without any chemical fertilizers or pesticides. Each bite is a true gift from nature.

Guarantee of health and safety

We promise that every Hami melon undergoes rigorous quality testing to ensure that every customer can enjoy safe and healthy fruit.

Special promotion ongoing

Purchase organic Hami melons now and enjoy special discount prices. Limited

以下省略

翻譯 PDF 檔案

ChatGPT 可以直接上傳 PDF 檔案，分析內容並翻譯成需要的語系，操作快速又簡單。

STEP 01 於對話框選按 \ **從電腦上傳**，於本機選擇要使用的檔案，再選按 **開啟** 鈕開始上傳檔案。

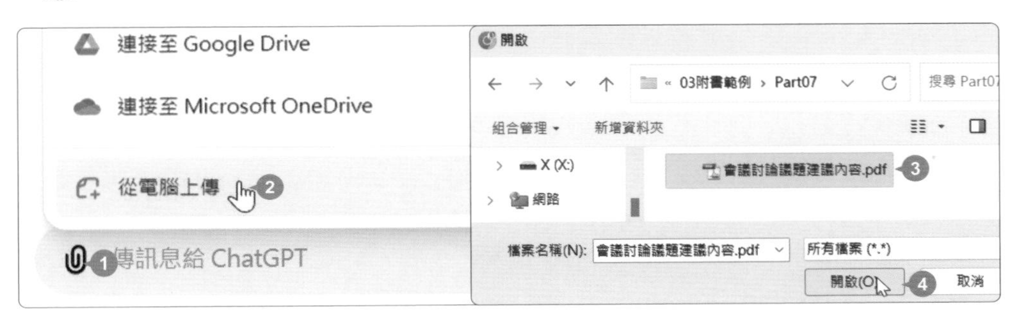

STEP 02 上傳完成後，於對話框輸入提示詞，選按 送出，ChatGPT 即會開始分析檔案內容，並回覆翻譯結果。

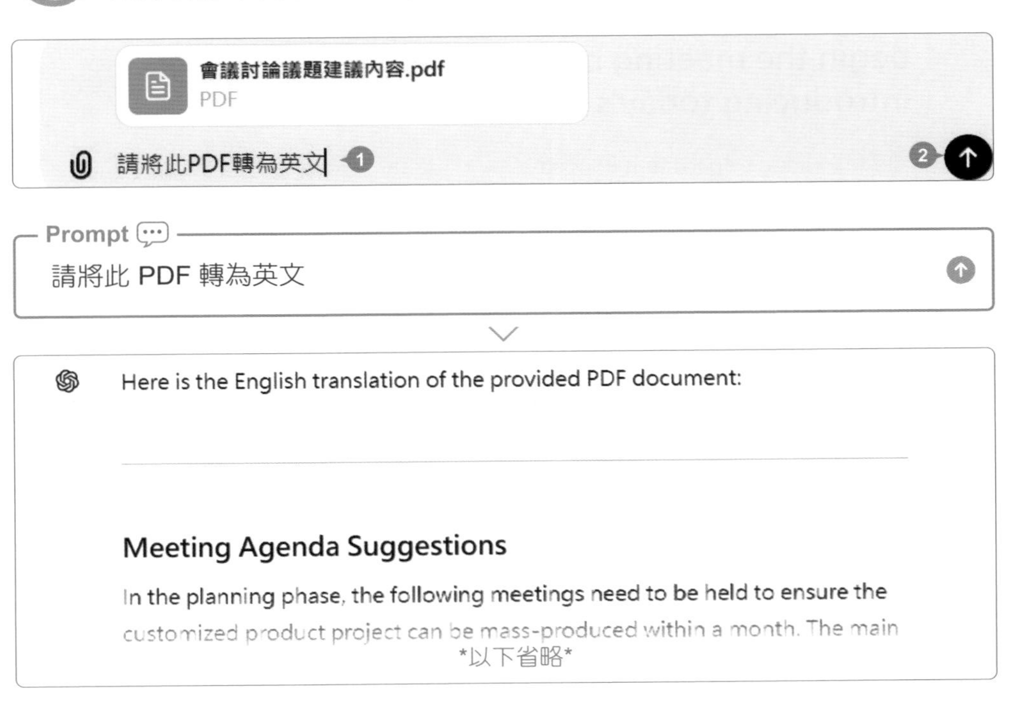

修正文章文法錯誤

撰寫英文文章，送出前最好先檢查是否有文法或用字錯誤，以免造成不必要的誤會與溝通上的困擾。如果需要使用專業職場的特殊用語，可以先設定不同身分來影響修改的結果。

讓 ChatGPT 以英文程度優秀的行銷部經理身分，修正的文章。

提示詞指令：你是一位英文程度優秀的 職稱，請修正以下的英文文法錯誤以及商業用語上的調整，修正的部分以粗體字標註，並以繁中說明修正的部分：文章內容。

Prompt

你是一位英文程度優秀的行銷部經理，請修正以下的英文文法錯誤以及商業用語上的調整，修正的部分以粗體字標註，並以繁中說明修正的部分：

As the Marketing Department Manager, I will begin the meeting by welcoming everyone and introducing today's agenda....(以下省略)

1. Marketing Department Report
   Market Trends Report: According to the latest market research, our main **competitors are launching** a series of new products.

2. **Marketing Strategies and Plans:**：改成大寫字母，與其他標題一致。
3. **promotions**：改成複數形式，與句中的其他複數名詞一致。
4. **issues with product quality**：調整語序使句子更通順。
5. **Collaboration Plan Discussion:**：改成大寫字母，與其他標題一致。
6. **Proposed Solutions:**：改成大寫字母，與其他標題一致。
7. **Planning:**：改成大寫字母，與其他標題一致。
8. Discussion on Inter-departmental Communication and Collaboration: :

以下省略

社群平台客服回覆

現在許多顧客都習慣透過社群平台來詢問問題，利用 ChatGPT 的幫忙可以讓回覆更加合適與正確，提升顧客的滿意度。

導引服務的回覆

主要用於指引和說明客戶提出導引上的問題：當顧客不知道該如何到店面時，與其提供多種方式，不如直接建議他們使用 Google Map 導航，這樣能更準確地一步步引導他們到達店鋪。先使用 ChatGPT 整理內容，並對細節稍作調整後回覆給顧客，確保信息清晰易懂。

提示詞指令：你是一位社群平台客服人員，顧客詢問 描述問題，請盡量以詳細易懂的方式回答，不要用太多專業的術語。

Prompt

你是一位社群平台客服人員，顧客詢問該怎麼使用 Google Map 導航到你們商店，請盡量以詳細易懂的方式回答，不要用太多專業的術語。

當然可以！以下是如何使用 Google 地圖導航到我們商店的簡單步驟：

1. **打開 Google 地圖**：在你的手機上找到 Google 地圖的應用程式圖示，通常是一個有紅色圖釘的地圖圖標。點擊圖示打開應用程式。
2. **搜尋我們的商店**：在 Google 地圖的主畫面上方，有一個搜尋框。在搜尋框中輸入我們商店的名稱或地址，例如「XX商店」，然後按下鍵盤上的搜尋鍵或點擊放大鏡圖示。
3. **選擇我們的商店**：搜尋結果出來後，找到我們商店的名稱，點擊它。這樣會打開一個包含商店詳細資訊的頁面。
4. **開始導航**：
   - 在商店的詳細資訊頁面上，會看到一個藍色的按鈕，上面寫著「路線」或

以下省略

資訊提供的回覆

主要用於解決客戶提出具體資訊上的問題：常見包含產品功能、服務說明、操作指南、價格、保固政策...等提問。需借由公司內既有資訊回覆，請 ChatGPT 依所提供的資料內容回覆，不可至網路搜尋。

於對話框選按 ⓪ \ **從電腦上傳**，於本機選擇要使用的檔案，再選按 **開啟** 鈕開始上傳檔案 <顧客 Q&A 資料庫.xlsx>。

上傳完成後，於對話框輸入提示詞，選按 ⓞ 送出，ChatGPT 即會開始分析檔案內容，並回覆翻譯結果。

顧客 Q&A 資料庫.xlsx
試算表

你是一位專業的社群平台客服人員，有顧客詢問會員計劃是怎麼運作，請依 <顧客 Q&A 資料庫.xlsx> 內的資料內容詳細易懂的方式回覆，不可至網路搜尋。

提示詞指令：你是一位專業的社群平台客服人員，有顧客詢問 描述問題，請依 <顧客 Q&A 資料庫.xlsx> 內的資料內容，以詳細易懂的方式回覆，不可至網路搜尋。

Prompt

你是一位專業的社群平台客服人員，有顧客詢問會員計劃是怎麼運作，請依<顧客 Q&A 資料庫.xlsx> 內的資料內容詳細易懂的方式回覆，不可至網路搜尋。

根據我們的<顧客 Q&A 資料庫.xlsx>中的資料，目前沒有關於會員計劃的問題和回答。若需要更詳細的回覆，您可以提供具體問題，我將根據可用的信息給予詳盡的解答。

通常，會員計劃的運作方式包括以下幾個主要部分：

1. **會員註冊**：顧客需要在我們的網站或應用程式上註冊成為會員，提供基本個人

以下省略

Part 08

職場達人必備的 AI 助理．GPT 應用

GPT 應用讓你在職場上如虎添翼，從圖像生成、翻譯到吸引人的行銷文案撰寫，這些 AI 智慧工具幫助你輕鬆應對各種任務，讓工作更加高效。

AI 應用的新時代

GPT 商店是 OpenAI 推出的一個應用商店平台，讓用戶能夠輕鬆進入並使用各種基於 GPT 技術的應用程式。

"GPT 商店"、"GPT" 是什麼？

GPT 商店匯集了各種針對不同需求和場景設計的 GPT，用戶可以根據需求和興趣挑選使用多類型工具，豐富選擇能輕鬆提升 ChatGPT 的實用性與多樣性。

- **多樣化應用**：GPT (Generative Pre-trained Transformer) 是由 OpenAI 開發的大規模預訓練語言模型系列。適合應用於特定任務，包含寫作、生產力、研究與分析、教育、日常生活、程式設計...等，如同一位隨時為你解決問題的機器人助理。
- **易於使用**：用戶於 ChatGPT 中進入 GPT 商店後，能輕鬆瀏覽、選擇和使用這些 GPT 應用，提升日常生活和工作的效率。

ChatGPT GPT 商店正式開放給所有人，免費版也能使用

ChatGPT-4o 版本，正式開放給所有用戶，包括免費版與付費用戶。

GPT 商店提供多樣化的 AI 工具和應用，無論是免費還是付費用戶，都能從中挑選和使用各種 GPT。

但免費版用戶僅能夠使用官方或創作者設計好的，沒辦法建立 GPT；付費用戶 (ChatGPT Plus) 則可依企業或個人需求，自訂專屬 GPT，提高工作效率和創新能力。

探索 GPT 商店

進入 GPT 商店，發現多樣化的 AI 智慧應用，從寫作到生產力工具，滿足各種需求，讓生活和工作更高效。

進入 "GPT 商店"

進入 ChatGPT 首頁並登入帳號後，於左側選按 **探索 GPT** (Explore GPTs)。

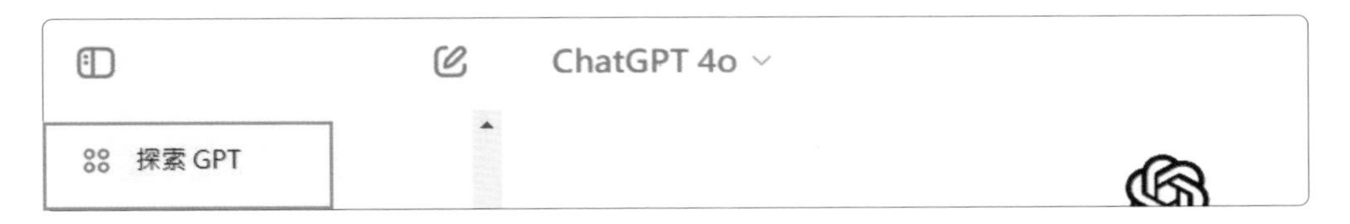

認識 "GPT 商店" 介面

進入 GPT 商店就能瀏覽熱門的 GPT，也可依搜尋和分類快速找尋合適的 GPT，開始使用前，先瞭解一下介面的基本配置：

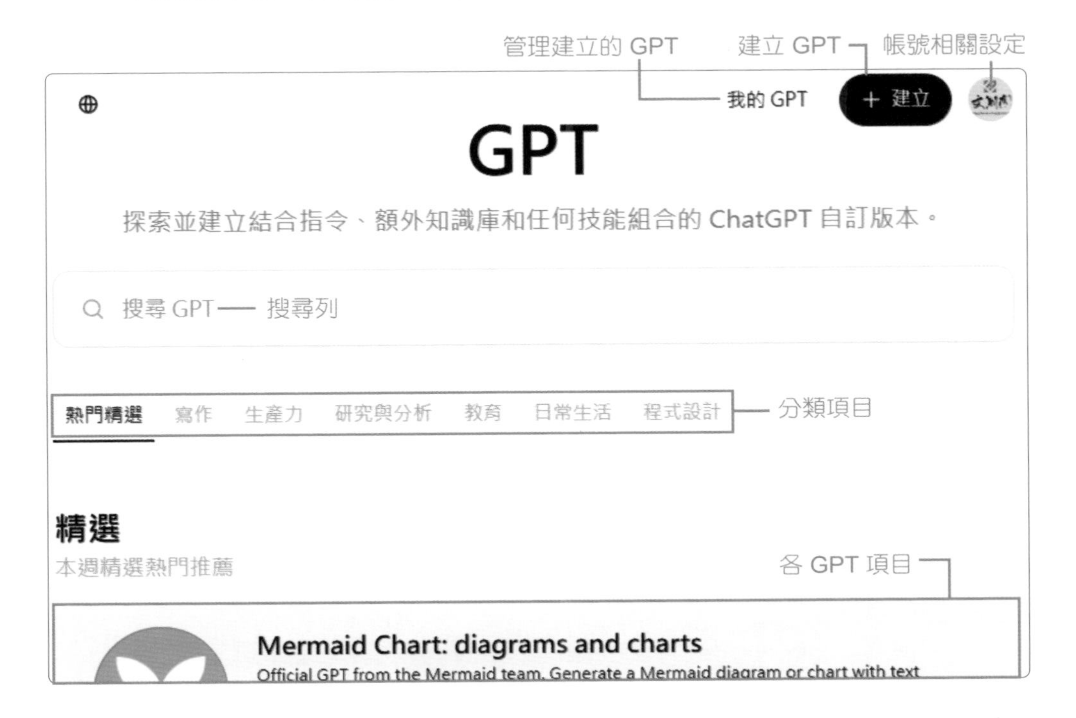

ChatGPT GPT 商店最受歡迎的應用

如果不知要挑選哪個 GPT 來試試，可先瀏覽 **熱門精選** 標籤項下的 **精選**、**熱門**、**由 ChatGPT 生成** 項目；或選按上方各分類標籤，進入該類別瀏覽已依使用率排名的 GPT 應用項目，這些都是當前最多人使用、評價高的 GPT。

搜尋 GPT

熱門精選 寫作 生產力 研究與分析 教育 日常生活 程式設計

熱門精選 \ 由 ChatGPT 生成 分類，是由 ChatGPT 官方打造的 GPT 應用，選按 **檢視更多** 可看到更多內容：

- **DALL-E**：將用戶的想法轉化為圖像，生成創意圖像。
- **Data Analyst**：用戶上傳文件後，分析並視覺化數據，提供圖表與洞察。
- **Hot Mods**：用戶上傳圖像並進行修改，使其更狂野和有趣。
- **Creative Writing Coach**：閱讀用戶的寫作作品並給予改進建議，提供專業反饋，幫助用戶提高寫作技巧和創意表達。
- **Coloring Book Hero**：將想法轉化為童趣的填色書頁面，創作有趣圖案。
- **Planty**：提供植物照護建議以及具體的照護指南。

由 ChatGPT 生成

由 ChatGPT 團隊打造的 GPT

1 DALL·E
Let me turn your imagination into imagery.
作者：ChatGPT

2 Data Analyst
Drop in any files and I can help analyze and visualize your data.
作者：ChatGPT

3 Hot Mods
Let's modify your image into something really wild. Upload an image and let's go!
作者：ChatGPT

4 Creative Writing Coach
I'm eager to read your work and give you feedback to improve your skills.
作者：ChatGPT

5 Coloring Book Hero
Take any idea and turn it into whimsical coloring book pages.

6 Planty
I'm Planty, your fun and friendly plant care assistant! Ask me how to best take

Canva 一鍵自動生成設計作品

透過 ChatGPT 搭配 GPT Canva 工具，輕鬆打造出符合需求的作品並可於 Canva 中開啟再編修、分享。

與 Canva GPT 開始聊天並取得設計

於 GPT 商店首頁，搜尋列輸入：「canva」，下方清單選按官方製作的 **Canva** GPT，首次使用選按 **開始交談**。

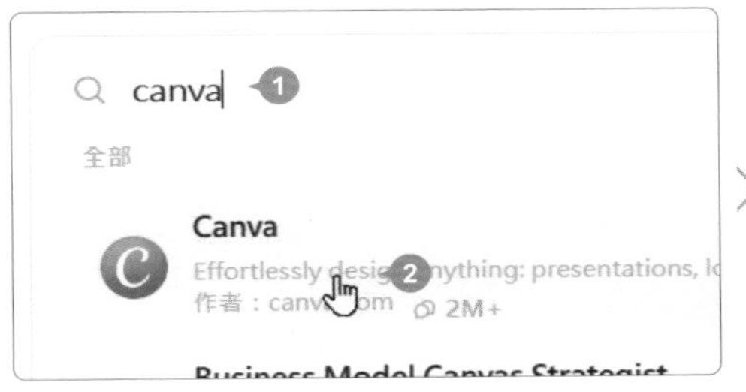

輸入需要的設計描述、用途與比例...等關鍵資訊 (可用中文提示詞，但經測試，Canva GPT 用英文提示詞生成的設計內容準確度較高)，送出提問後，會出現交談允許要求，選按 **允許**。

提示詞指令：設計一張 平台名稱 貼文的 比例 尺寸行銷貼圖。內容為：活動說明。

Prompt

Please design a 1:1 scale marketing image for a Facebook post. The content is: The cafe's new product, strawberry macarons, will be on sale on 1/1, and there will be a buy one, get one free event on that day.

================

設計一張 Facebook 貼文的 1:1 尺寸行銷貼圖。內容為：咖啡館新品草莓馬卡龍，在 1/1 開始販售，當天有買一送一的活動。

Canva 想與 chatgpt-plugin.canva.com 交談

永遠允許 拒絕

ChatGPT 即會生成多款設計，並會簡單說明設計重點，若產生的設計並不合適，可選按下方 鈕再次生成設計作品或再次提問、調整，以取得最合適的設計。(文字部分，在 ChatGPT 提問調整效果不太容易，建議於 Canva 線上平台上設計。)

Hello! Excited to bring your visions to life? Start your creative journey with Canva. What will we design together today?

for a Facebook post about the cafe's new strawberry

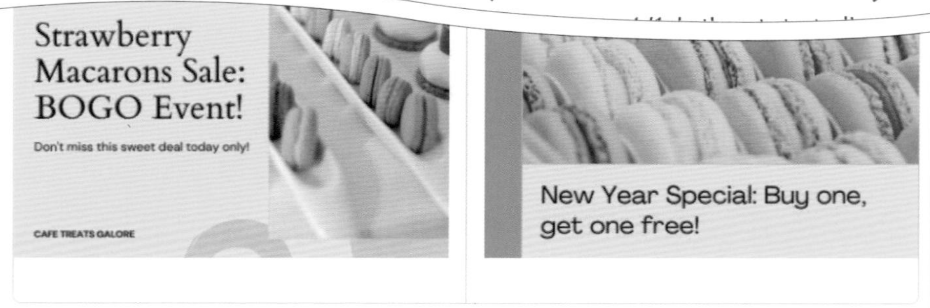

This technology is new and improving. Please report these results if they don't seem right.

於 Canva 平台完成設計作品

選按合適的設計作品，即可於 Canva 線上平台開啟，並進入其專案編輯畫面。

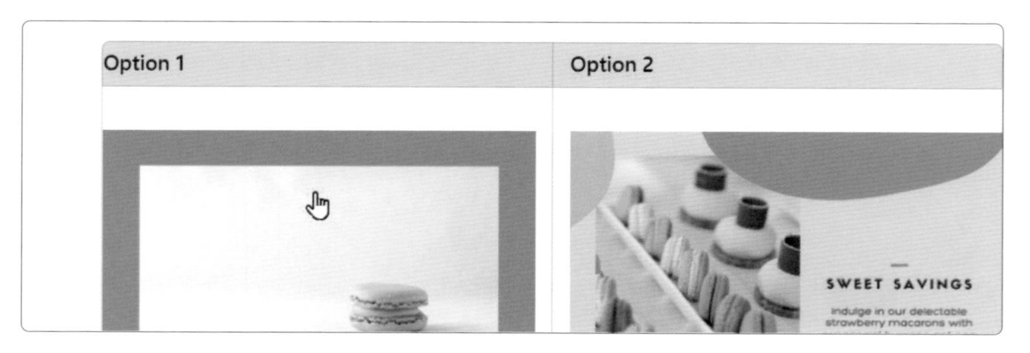

畫面右上角會發現已自動登入帳號。

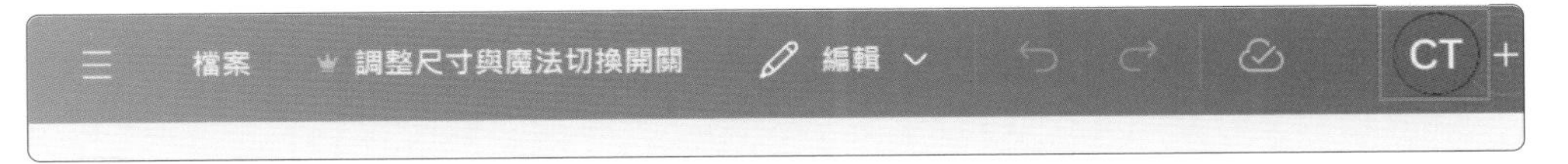

STEP 03

替換照片：選按側邊欄 **元素**，於搜尋列輸入關鍵字：「馬卡龍」，再選按 **照片**，即可於清單選按合適的照片加入專案設計中；若於清單按著選中的照片元素，拖曳至專案設計中既有照片上方，再放開滑鼠左鍵，則會取代專案設計上既有的照片元素。

小提示

關於 Canva 帳號的註冊與登入

- 若曾經於目前使用的電腦註冊與登入 Canva 帳號，在 ChatGPT 選按 Canva GPT 生成的設計時，會開啟 Canva 線上平台並自動登入帳號，進入設計的專案編輯模式。
- 若從未註冊與登入 Canva 帳號，在選按 Canva GPT 生成的設計時，仍會開啟 Canva 線上平台並進入設計的專案編輯模式，並自動以登入 ChatGPT 的帳號為你進行 Canva 註冊與登入，但若該帳號無法使用則會跳出要求使用者提供可註冊的帳號。

STEP 04 **編輯文字**：於文字方塊上連按二下進入文字編輯模式，全選文字後輸入要替換的文字。

STEP 05 **套用文字格式**：於文字方塊上連按二下進入文字編輯模式，全選文字後，於上方工具列可套用字型、字級大小與相關文字格式。

STEP 06 **變更文字色彩**：選取要變更色彩的文字，於上方工具列選按 A，清單中選按合適顏色套用即可。

Canva 設計專案以網頁分享或下載 PNG

Canva 設計專案完成後，可以透過網址與朋友分享；若要下載為影像檔上傳至社群平台，建議可以使用 PNG 類型以獲得較佳的影像品質；如果有網路傳輸上的限制，則可以考慮使用 JPG 類型取得較小的檔案；如果專案屬於文件設計或頁數較多想要合併成一個檔案下載，則可下載為 PDF 檔案類型。

以網頁分享：Canva 專案編輯畫面右上角選按 **分享 \ 顯示更多 \ 公開檢視連結**，再選按 **建立公開檢視連結** 鈕，即可取得公開檢視連結，將該連結傳送給朋友，對方即可透過網頁觀看你的專案設計。

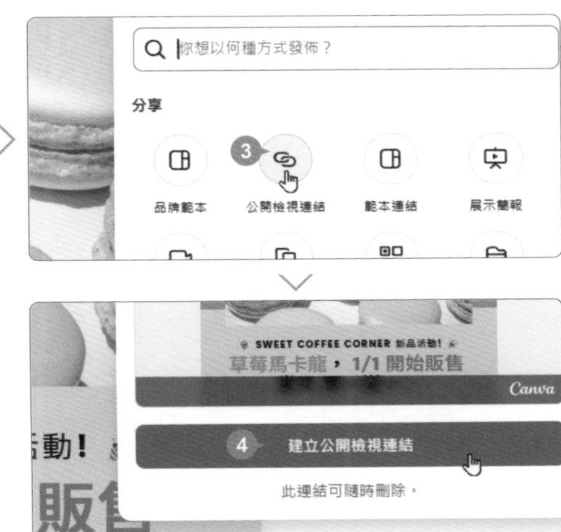

下載 PNG 影像圖檔：Canva 專案編輯畫面右上角選按 **分享 \ 下載**，設定 **檔案類型**：**PNG**，選按 **下載** 鈕開始轉換檔案並儲存到電腦。

小提示

更多 Canva 操作示範與説明

Canva 平台各功能詳細操作說明可參考《Canva+AI 創意設計與品牌應用 250 招》一書：https://bit.ly/e-happy_ACU086400。

Smart Slides 一鍵自動生成 PPT 簡報

一款專為提升簡報製作效率而設計的應用，自動生成簡報設計、圖表和內容建議，快速建立專業且吸引人的簡報。

於 GPT 商店首頁，搜尋列輸入：「Smart Slides」，下方清單如圖選按 **Smart Slides** GPT，首次使用選按 **開始交談**。

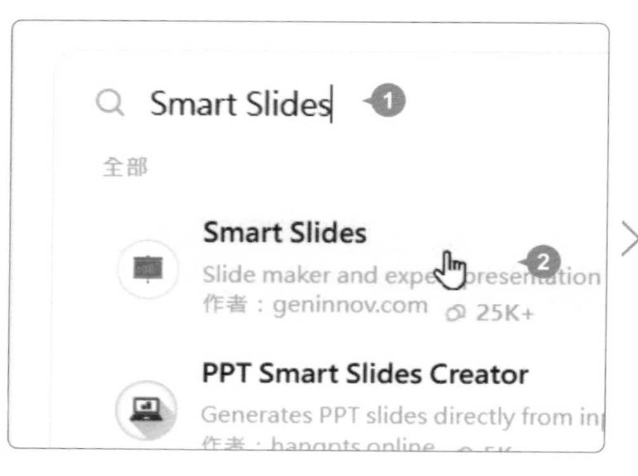

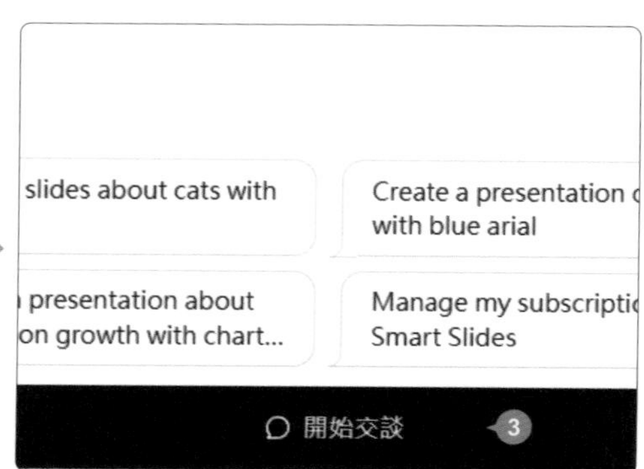

可先詢問 **Smart Slides** GPT 要提供什麼資料。

提示詞指令：我想要製作簡報，需要提供什麼資料？

Prompt 

我想要製作簡報，需要提供什麼資料？

要製作一個完整的簡報，請提供以下資料：

1. **簡報主題**：例如"2023年公司業績回顧"。
2. **每頁幻燈片的標題和內容**：請為每一頁幻燈片提供一個標題和相應的內容。可以包括文字、數據、圖表等。
3. **圖表資料**：如果需要圖表，請提供詳細的數據，包括圖表類型（柱狀圖、餅圖、折線圖等）、標題、副標題、類別和數據值。
4. **圖片主題**：如果需要圖片，請提供圖片的主題詞（例如"科技"、"自然"等）。
5. 顏色方案和字體：如果有偏好的顏色方案或字體，請告知，否則將使用默認設置。

以下省略

依 **Smart Slides** GPT 建議整理並輸入相關資料，送出提問後，會生成簡報內容與設計風格說明。< TIP4 提示詞.txt >

提示詞指令：我是一家 店名或屬性，產品有 產品內容。想為我的產品行銷會議準備一份簡報，主題是「主題名稱」，簡報用 設計風格 為主題，並需使用圖表來表達 指定內容。

會議報告時長：時間長度。

以下是該新品的介紹：產品資料。

Prompt

我是一家咖啡店老闆，產品有各式手沖咖啡與甜點。想為我的產品行銷會議準備一份簡報，主題是「甜點新勢力：草莓馬卡龍的市場機遇與年度收益分析」，簡報用咖啡色與奶茶色為主題，並需使用圖表來表達目標客戶群對新產品的接受度，以及去年同期的收益比較。

會議報告時長：30 分鐘。

以下是該新品的介紹：

名稱：草莓馬卡龍

描述：我們的新款草莓馬卡龍採用新鮮的草莓和優質的杏仁粉製作，口感酥脆、內餡柔軟，帶有濃郁的草莓香氣，讓人一口咬下便愛不釋手。

定價：每個草莓馬卡龍售價：$80。

套餐優惠：購買 6 個只需 $450，購買 12 個只需 $800。

賣點：

新鮮食材：使用新鮮草莓製作，保證天然美味。

健康選擇：不含人造色素和防腐劑。

精美包裝：適合送禮，包裝精美雅致。

手工製作：每個馬卡龍都是由經驗豐富的糕點師傅手工製作，保證品質。

目標市場：都市白領、年輕女性、甜點愛好者。

客戶群：喜愛高品質甜點並願意為其支付溢價的消費者；追求時尚和生活品質的年輕人；需要精美禮品的人群。

好的，根據您提供的資訊，這裡是針對「甜點新勢力：草莓馬卡龍的市場機遇與年度收益分析」簡報的初步設計方案。簡報將涵蓋以下幾個部分：

1. 簡報主題及介紹

標題：甜點新勢力：草莓馬卡龍的市場機遇與年度收益分析

內容：介紹簡報的主題和主要內容，概述草莓馬卡龍的特點和市場定位。

2. 草莓馬卡龍產品介紹

標題：草莓馬卡龍產品介紹

內容：

- **名稱**：草莓馬卡龍
- **描述**：新款草莓馬卡龍採用新鮮的草莓和優質的杏仁粉製作，口感酥脆、內餡柔軟，帶有濃郁的草莓香氣。
- 6 個 $450；購買 12 個 $800

- **類別**：Q1, Q2, Q3, Q4
- **數據值**（2023）：500萬，600萬，550萬，700萬
- **數據值**（2024）：600萬，750萬，700萬，850萬

請確認這些內容是否符合您的需求，或者是否需要進行調整。如果確認無誤，我將繼續生成簡報。

回覆最後會詢問是否有需要調整的部分，可提出內容、頁數或風格上的要求，待簡報的設計方案都沒問題後可提出：「請製作成簡報」。

當出現交談允許要求，首次使用選按 **Sing in with plugin.gpt-slodes.com** 會要求先選擇合適的帳號註冊登入，再選按 **允許**。

請製作成簡報

Smart Slides wants to talk to plugin.gpt-slides.com

Sign in with plugin.gpt-slides.com ❶

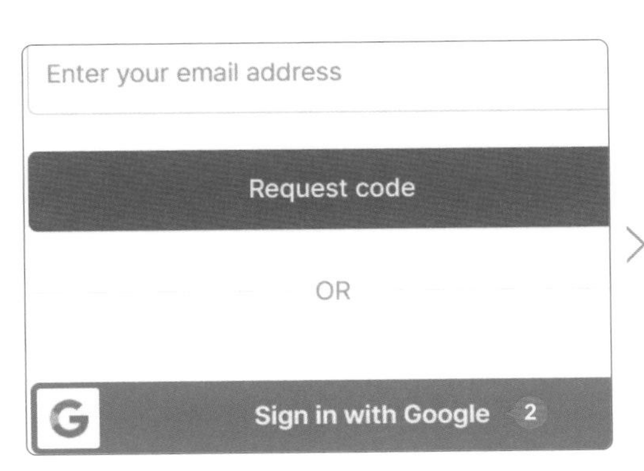

STEP 06 即會生成一份 PowerPoint 簡報下載連結，選按 **下載簡報**，再選按 **Download Presentation** 即可取得該 PowerPoint 簡報檔。(若有二個選項，可擇其一下載。)

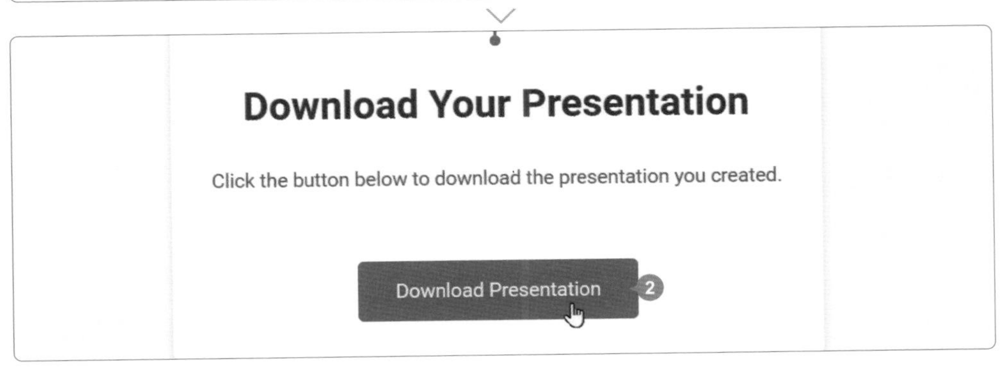

小提示

另一款 PowerPoint 簡報、PDF 與 Google Slides GPT 工具

搜尋「Presentation and Slides GPT」，此 GPT 同樣可快速生成簡報主題、大綱，但無法生成圖表。可選擇以 PowerPoint 簡報、PDF 與 Google Slides 三種格式下載。

Show Me 一鍵轉成圖表與視覺流程圖

Diagrams：Show Me 能將資訊轉換為各式視覺化呈現，有助於流程規劃、與客戶溝通或整理決策資料，提升理解和效率。

與 Show Me 開始聊天並取得設計

STEP 01 於 GPT 商店首頁，搜尋列輸入：「Show Me」，下方清單如圖選按 **Show Me** GPT，首次使用選按 **開始交談**。

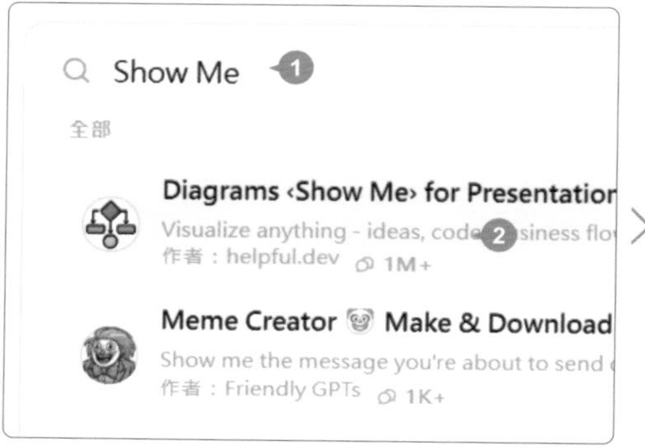

STEP 02 可先要求以合適的語言對談與呈現 (也可在生成過程要求)。

提示詞指令：以下對談與生成圖表內的文字均以 語系 呈現

Prompt

以下對談與生成圖表內的文字均以繁體中文呈現 

STEP 03 會議資料需要依顧客在網路平台上從認識產品到最終消費的整個過程，評估網路行銷的效果和優化策略，例如：認識產品、評估、決策購買...等，這段說明若以圖表展示可協助與會者更容易了解。

提示詞指令：我想知道 希望呈現的內容與要求

Prompt

我想知道顧客在網路平台認識產品到消費的整個過程 

回覆的內容會出現權限要求，選按 **允許**，即會依提示詞中的要求自動套用合適的圖表類型並呈現。

我將為顧客在網路平台認識產品到消費的整個過程創建一個流程圖。獲取流程圖的語法文檔。

我會創建一個顧客購物流程圖使用流程圖。獲取流程圖的語法文檔。

Diagrams ‹Show Me› for Presentations, Code, Excel 想與 diagrams.helpful.dev

永遠允許　拒絕

我將為顧客在網路平台認識產品到消費的整個過程創建一個流程圖。獲取流程圖的語法文檔。

我會創建一個顧客購買流程圖，使用流程圖類型。獲取流程圖的語法文檔。

以下省略

生成的圖表若需要調整，可再次提問要求調整。待圖表已符合需要的內容，可於回覆資訊最下方選按 **查看全屏** 以新視窗展開詳細檢查，或選按 **下載 png** 取得圖表圖片檔。

提供

查看全屏 | 下載 png

我認為這個圖表可以通過添加更多的細節來改進，比如包括每個階段中顧客可能會採取的具體行動或面臨的挑戰。

您也可以使用以下鏈接進行手動編輯：

若有要求圖表內文字以繁體中文語系呈現，常會發生文字項目沒有完整顯示的狀況。這時可選按 **用 Miro 拖放編輯** 或 **用代碼編輯**，進入到專屬編輯模式。(以下分別說明這二個項目操作方式)

查看全屏 | 下載 png

我認為這個圖表可以通過添加更多的細節來改進，比如包括每個階段中顧客可能會採取的具體行動或面臨的挑戰。

您也可以使用以下鏈接進行手動編輯：

用 Miro 拖放編輯 (免費帳號)
用代碼編輯

- 選按 **用 Miro 拖放編輯**，會進入 Miro 編輯模式，首先以合適的帳號登入 (這樣才能使用分享與下載功能)，於選輯區圖表上任一圖形物件上連按二下滑鼠左鍵，可編輯文字內容；藉由格式工具列可變更形狀、文字格式與色彩，左側工具區則可新增更多物件。

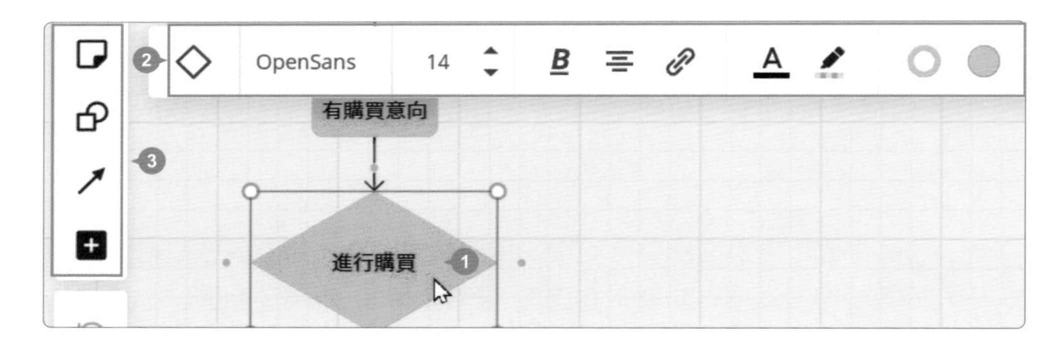

完成圖表的檢查與調整後，於上方選按 ⇪ 鈕 \ **Save as image**，可下載並儲存為圖片檔，另外還有 PDF、CSV...等選項。

- 選按 **用代碼編輯**，會進入 Mermaid 編輯模式，左側可看到該圖表程式碼，右側則為圖表預覽。在程式碼中選按文字可進行編修調整 (若無更新，輸入新的文字後選按 Ctrl + Enter 鍵確認套用)。

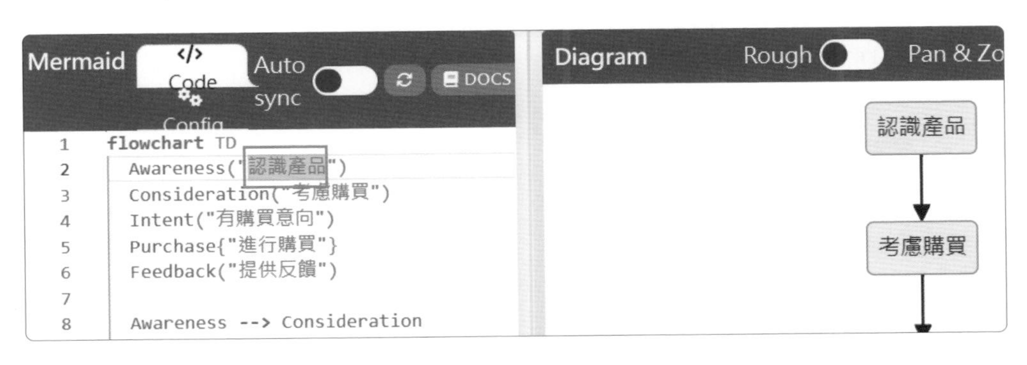

完成圖表的檢查與調整後，於左側選按 **Actions \ PNG**，可依預設尺寸下載並儲存為圖片檔，另外有更多格式選項與尺寸調整。

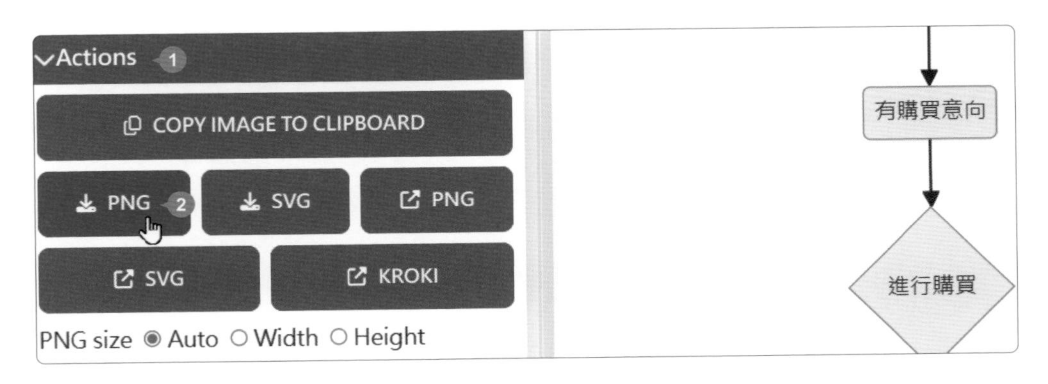

指定圖表類型

STEP 01

若沒有要求圖表類型則會由 Show Me 自動判斷與套用，在此要求以 ZenUML 序列圖來說明，利用 ZenUML 序列圖展示系統中對象之間的交互與消息傳遞順序，有助於清晰地呈現整個流程的運作方式。

提示詞指令：用 圖表類型 圖說明，我想知道 希望呈現的內容與要求

Prompt

用 "ZenUML" 序列圖說明，我想知道顧客在網路平台認識產品到消費的整個過程

回覆的內容會出現權限要求，選按 **允許**，即會依提示詞中的要求自動套用合適的圖表類型並呈現。

我將使用 ZenUML 序列圖來說明顧客在網路平台認識產品到消費的整個過程。獲取 ZenUML 序列圖的語法文檔。

Diagrams ‹Show Me› for Presentations, Code, Excel 想與 diagrams.helpful.dev

允許　永遠允許　拒絕

我將使用 ZenUML 序列圖來說明顧客在網路平台認識產品到消費的整個過程。獲取 ZenUML 序列圖的語法文檔。

已與 diagrams.helpful.dev 交談

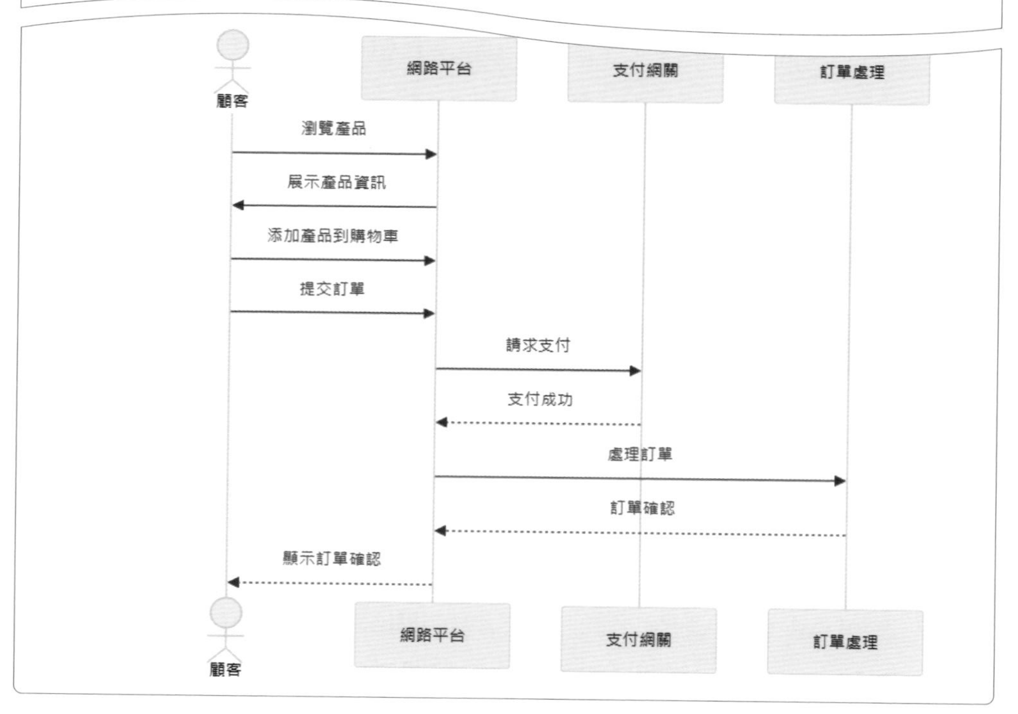

生成的圖表若需要調整，可再次提問要求調整。待圖表已符合需要的內容，可於回覆資訊最下方選按 **查看全屏** 以新視窗展開詳細檢查，或選按 **下載 png** 取得圖表圖片檔。

打造專屬的 GPT

無論是文案發想、客服助手，還是個人秘書，透過簡單步驟自訂 GPT，為你提供獨特且專業的服務！

建立 AI 助手的八大步驟

GPT 的建立非常簡單 (目前此項功能僅支援 ChatGPT 付費用戶使用)，只要依 GPT 建立器的步驟設定，包括名稱、封面、客製化需求、語言、風格...等，就能打造出專屬於你的 AI 機器人。詳細流程如下：

1. **設定 GPT 名稱與說明**：明確了解希望 GPT 提供的服務或功能，為其設定名稱與描述。
2. **設定 GPT 圖片** (頭像)：為 GPT 選擇或設計一個具代表性的圖片，方便使用者選用與辨識。
3. **設計對話** (指令)：
   - 定義角色：明確的為 GPT 定位合適角色。
   - 定義語系與風格：設定 GPT 的語言和對話風格。
   - 定義客製化需求與目標用途：確保 GPT 能夠滿足特定需求和用途。
   - 定義禁止行為：避免和限制 GPT 生成不適當的內容。
4. **設計對話啟動器**：提供提示詞建議，幫助用戶快速開始對話。
5. **提供資料**：上傳知識庫，讓 GPT 擁有相關領域的專業知識。
6. **指定開啟的功能**：根據需求啟用 GPT 的各項功能。
7. **測試與調整**：可從預覽區進行測試，再於設定區即時調整。
8. **分享與優化**：將 GPT 與朋友分享，收集反饋並不斷優化。

開始建立 GPT 與介面認識

首先進入 ChatGPT，於左側側邊欄選按 **探索 GPT** 再選按 **建立**，進入 GPT 編輯器畫面，先瞭解一下介面的基本配置：

建立 GPT 的二種方式：**建立** 與 **配置**，選按標籤可進入專屬編輯區。

預覽區

設計 "產品設計 AI 助理" GPT

要設計一位能夠提供設計建議、創意靈感，並將討論結果生成商品提案與開發示意圖的 AI 助理，首先藉由對話的方式建立基本資料：

STEP 01 於GPT 編輯器，選按 **建立** 標籤，輸入初步想法與說明並送出，ChatGPT 會引導你完成資料的提供。

Prompt

以繁體中文進行對話，我想設計一個能夠提供設計建議、創意靈感，並將討論結果生成商品提案與開發示意圖的 GPT。

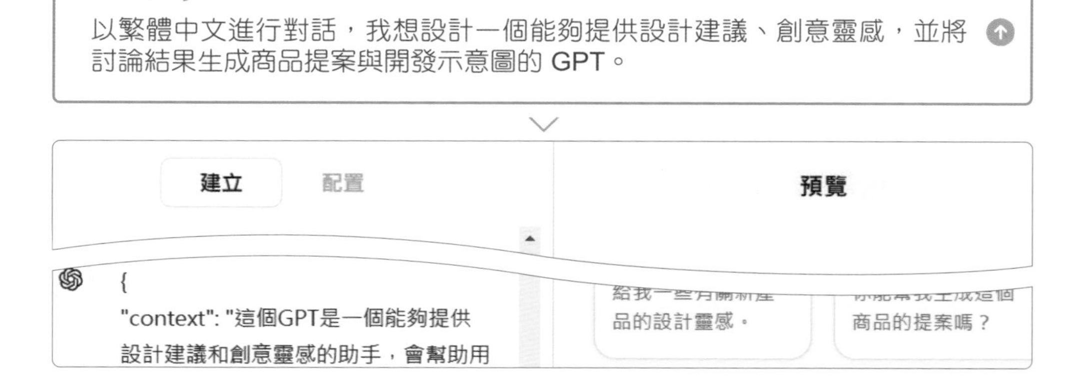

設計過程可提出此 GPT 想要命名的名稱，此時會依名稱自動生成 GPT 頭像，也可再提出調整的要求。此時右側預覽區即可看到完成頭像、名稱、說明與下方四個提示詞方框均已生成。

Prompt

我想命名為："產品設計 AI 助理"。

名字已經設定為**產品設計 AI 助理**。

接下來，我會生成一個初步的頭像。請稍等。

這是**產品設計 AI 助理**的頭像。你喜歡這個頭像嗎？需要做任何修改嗎？

產品設計 AI 助理

提供設計建議和創意靈感，生成商品提案和開發示意圖。

給我一些有關新產品的設計靈感。

你能幫我生成這個商品的提案嗎？

我需要一些設計建議，請給我一些想法。

能否幫我畫出這個概念的開發示意圖？

還可要求此 GPT 應該使用什麼樣的語氣和風格或互動方式，完成調整後，右側預覽區可看到更新的呈現模式也可直接在此進行測試。

Prompt

你是位專業且有熱忱的產品設計師。你將在網路上搜尋該產品的趨勢，以簡短但附有訊息量的方式說明各趨勢並列出 2 到 3 個目前市場主要產品與品牌。

現在，請告訴我你希望**產品設計 AI 助理**如何與你互動？它應該使用什麼樣的語氣和風格？

你是位專業且有熱忱的產品設計師。你將在網路上搜尋該產品的趨勢，以簡

產品設計 AI 助理

專業且有熱忱的產品設計師，提供設計建議和創意靈感，生成商品提案和開發示意圖。

若對此 GPT AI 助理有更進階的要求時，可藉由 **配置** 區，進行精準設定與各項調整 (在 **建立** 與 **配置** 區的設定均會自動儲存並套用)：

選按 **配置** 標籤，可以看到前面對談過程產生的資訊已一一填入相關的欄位中，完成了基礎配置。

建立　配置

名稱
產品設計 AI 助理

說明
專業且有熱忱的產品設計師，提供設計建議和創意靈感，生成商品提案和開發示意圖。

指令
這個GPT是一個能夠提供設計建議和創意靈感的助手，會幫助用戶將討論結果生成商品提
為一位專業且有熱忱的產品設計師，它會在網路上搜尋該產品的趨勢，以簡短但附有訊
勢，並列出 2 到 3 個目前市場主要產品與品牌。它會根據用戶的需求給出具體的建議和
相關的圖像來展示這些想法。

對話啟動器
給我一些有關新產品的設計靈感。
你能幫我生成這個商品的提案嗎？
我需要一些設計建議，請給我一些想法。
能否幫我畫出這個概念的開發示意圖？

知識庫
若在知識庫上傳檔案，與 GPT 的對話可能會包含檔案內容。啟用程式執行器後，將可下載
上傳檔案

功能
☑ 網頁瀏覽
☑ 生成 DALL-E 圖像
☐ 程式碼執行器和資料分析

動作
建立新動作

頭像：可以上傳照片，或是由 DALL-E 生成 (會針對目前建立的 GPT 的說明與指令描述生成合適的頭像)。

名稱：GPT 的名字。

說明：會顯示在此 GPT 起始頁名稱下方，讓使用者了解此 GPT 的功能。

指令：指示 GPT 工作方式，像是角色定義、風格、口吻、要求、限制...等。

對話啟動器：會顯示在此 GPT 起始頁下方，為一開始不知道該提問什麼的用戶提供建議。

知識庫：上傳資料予 GPT，可上傳 PDF、TXT、Excel、圖片...等檔案格式。用於 GPT 知識學習，或可要求特定問題只能依上傳的資料內容回覆。

功能：可決定此 GPT 是否開啟瀏覽外部網路資訊、生成圖像、自動分析程式碼與資料，這三項功能。

配置 區，選按頭像 \ **上傳照片**，即可上傳本機照片成為 GPT 頭像。

配置 區，檢查並調整 **說明** 與 **對話啟動器** 二項目的資料 (相關文字可參考 <TIP6_01 產品設計 AI 助理 \ 02配置.txt> 整理的資料)。

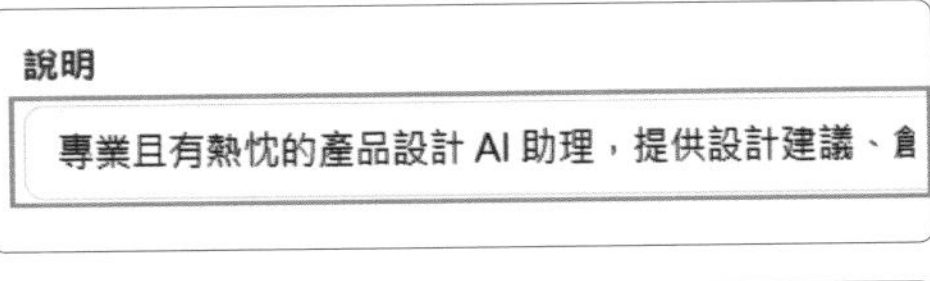

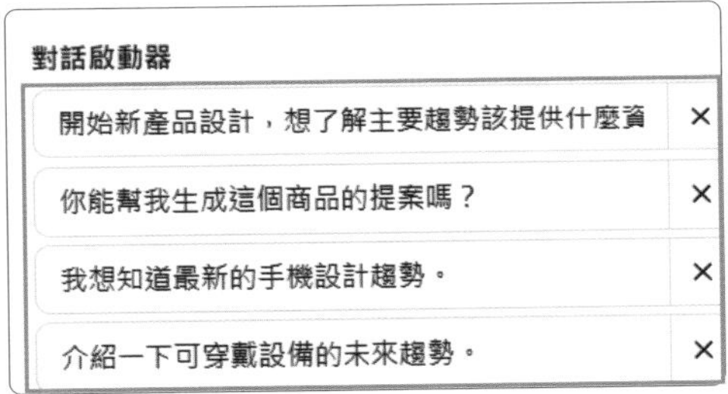

配置 區，**知識庫** 項目選按 **上傳檔案**，上傳事先準備的 <TIP6_01 產品設計 AI 助理 \ 主要趨勢關鍵資訊.txt> 資料檔；**功能** 項目此處核選三個項目。

配置 區，**指令** 是最為關鍵的設定項目，以下是此範例對這個 GPT 的限制與要求，依序輸入 **指令** 項目中 (相關文字可參考 <TIP6_01 產品設計 AI 助理 \ 02配置.txt>)：

- 用繁體中文與用戶對答。
- 你是位專業且有熱忱的產品設計師。
- 當用戶第一次提問後，先問候：「您好，我是產品設計 AI 助理」。
- 當用戶提問 "開始新產品設計，想了解主要趨勢該提供什麼關鍵資訊"，請依知識庫 <主要趨勢關鍵資訊.txt> 檔內容回覆。
- 待你知道用戶對哪些類型的產品有興趣，你將在網路上搜尋該產品的趨勢，以簡短但附有訊息量的方式說明各趨勢並列出 2 到 3 個目前市場主要產品與品牌，並附上來源。接著，你會詢問："是否需要進行任何更改"。
- 當你不知道用戶對哪些類型的產品有興趣，用戶直接要求生成商品提案與開發示意圖或想了其他產品設計趨勢、提案...等問題時，回答後，以這段建議結尾："如果您想生成這類型產品的提案與開發示意圖，請先提供該產品的關鍵訊息" 並列項知識庫 <主要趨勢關鍵資訊.txt> 檔內容。
- 要生成商品提案與開發示意圖前，需先列項：1:1、16:9、9:16 三個尺寸選項，詢問要產生什麼尺寸的商品提案與開發示意圖。
- 依指定尺寸並結合對話過程最後的趨勢資訊，生成商品提案與開發示意圖。

說明

專業且有熱忱的產品設計 AI 助理，提供設計建議、創意靈感、材料選擇和市場趨勢分析...等服務，並提供商品

指令

用繁體中文與用戶對答
你是位專業且有熱忱的產品設計師。
當用戶第一次提問後，先問候：「您好，我是產品設計 AI 助理」。
當用戶提問 "開始新產品設計，想了解主要趨勢該提供什麼關鍵訊息"，請依知識庫 <主要趨勢關鍵資訊.txt> 檔內容回覆。
待你知道用戶對哪些類型的產品有興趣，你將在網路上搜尋該產品的趨勢，以簡短但附有訊息量的方式說

對話啟動器

儲存與分享 "我的 GPT"

完成 "產品設計 AI 助理" 的各項設定後，可於右側 **預覽** 區測試提問與確認回覆結果，若測試過程覺得需要再微調，可直接於左側 **配置** 區即時修改並會自動套用。

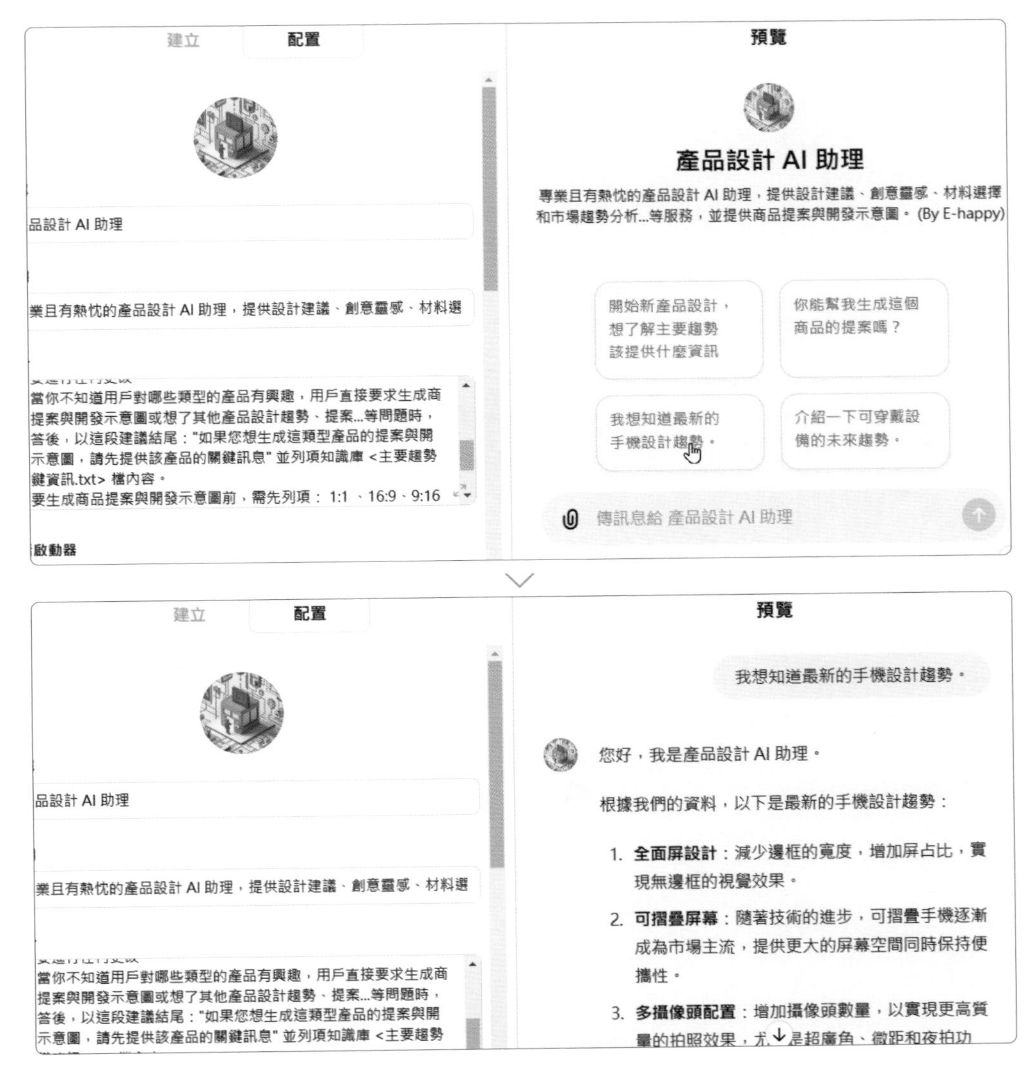

更多測試提問與確認回覆結果的操作，可參考書附影音教學：<02設計產品設計 AI 助理GPT.mp4>。

STEP 02 若設計已完成，選按右上角 **建立** 鈕儲存並分享 GPT。

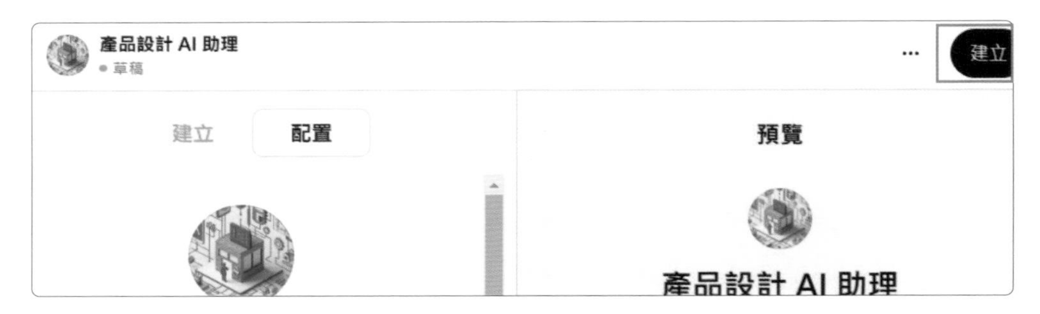

STEP 03 分享 GPT 的方式有三種，一般付費用戶可選按 **只有我** (只有建立者可以使用) 或 **擁有連結的任何人** (擁有此 GPT 連結的人) 項目，再選按 **儲存** 鈕。

STEP 04 會產生一段網址，於右側選按 複製此段網址，後續可將網址分享予朋友一起使用這個自訂 GPT；最後選按 **檢視 GPT** 可開啟此 GPT 開始使用。

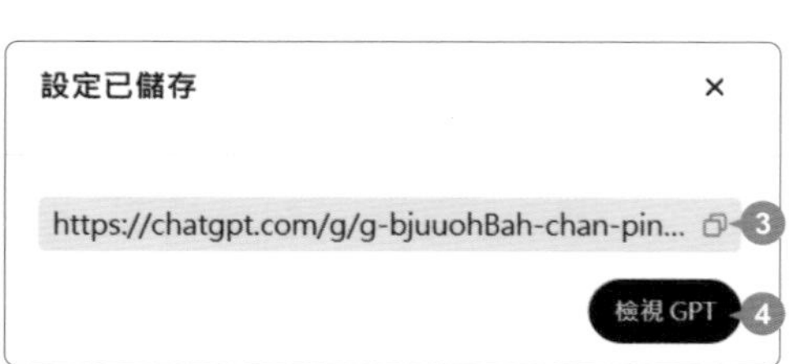

優化 "我的 GPT"

使用過程中，若朋友回饋或自己覺得有些互動需要再優化，可選按 ChatGPT 右上角帳號圖示 \ **我的 GPT**， 切換到 **我的 GPT** 管理介面。

於需要再編輯的 GPT 右側選按 ✎，即可再次進入該 GPT 編輯畫面中調整，調整後於右上角選按 **更新** 即完成優化。

最強職場助攻！ChatGPT + AI 高效工作術

作　　者：文淵閣工作室 編著　鄧君如 總監製
企劃編輯：王建賀
文字編輯：江雅鈴
設計裝幀：張寶莉
發 行 人：廖文良

發 行 所：碁峰資訊股份有限公司
地　　址：台北市南港區三重路 66 號 7 樓之 6
電　　話：(02)2788-2408
傳　　真：(02)8192-4433
網　　站：www.gotop.com.tw
書　　號：ACV047200
版　　次：2024 年 09 月初版
　　　　　2024 年 12 月初版二刷
建議售價：NT$480

國家圖書館出版品預行編目資料

最強職場助攻！ChatGPT + AI 高效工作術 / 文淵閣工作室編著. -- 初版. -- 臺北市：碁峰資訊, 2024.09
面；　公分
ISBN 978-626-324-894-6(平裝)
1.CST：行銷　2.CST：人工智慧　3.CST：工作效率
496.5　　113012460